Interaction Design 互動設計概論

李來春　曹筱玥　陳圳卿　編著

全華圖書股份有限公司

Recommended 推薦序

互動設計之研究與應用爲近年來國內外熱門的探索議題，不論在設計學術界與實務界均針對互動設計所包含的學理內涵與其應用方式進行深入了解，尤其互動設計之跨領域本質並非單一學科所能涵蓋，需要有適當的書籍供有興趣的學生、教師及相關業者的參考，很高興國立臺北科技大學李來春教授、曹筱玥教授及陳圳卿教授三位在互動設計領域的專家學者共同合著「互動設計概論」一書，適時的解決了上述的問題，本書可爲國內從事互動設計學習與創作的重要參考。

本書共分爲四大部分，第一部分主要在介紹互動設計的相關學理，如使用者經驗與設計思考的本質內涵等，第二部分說明人機介面與介面使用性等之相關議題，此兩大部分爲後續之互動設計應用提供重要的學理基礎。第三部分作者針對互動設計在展示科技的實務上提供多個精彩的設計案例及應用成果，可供讀者在進行互動設計學習與應用上的指引。最後第四部分作者針對互動設計的未來趨勢進行說明，內容包含數位學習的發展及其重要的技術與工具說明等，並提供互動式數位學習的應用案例，可供讀者參考應用。

由於本書之作者群學養豐富，設計實務經驗豐富，書中內容由互動設計相關學理之說明至重要技術及工具的應用案例介紹，內容精彩可期，可爲國內互動設計相關領域的重要參考，更期望所有本書的讀者均能獲益無窮!!

國立臺灣科技大學設計系 主任

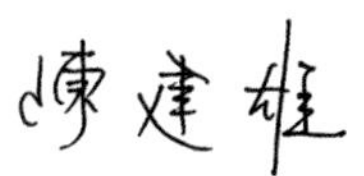

Recommended 推薦序

「設計」是身爲人類最基本的特徵之一，從上古時代的人類，因某種生存的需要和目的，產生了石斧、石刀等器物可略窺一二，而其中也隱含著設計的互動性思考。由十九世紀工業化時代，演進至二十一世紀知識經濟的社會環境，人類的社會行爲與需求急速擴增，相對促進設計的活動日益複雜與多變，在此情境的轉移中也逐步邁向專業多元的整合。然在如此社會環境下的設計活動中，大多數人對「好」設計的討論，仍著重於美感呈現，然而在神秘美感背後的其他因素則較少被討論，尤其是成功的設計使用性與互動性是如何被產生的。

設計可以根據他們的美感品質來評價，但眞正對人類的影響不是設計獨立性，而是在時間流動的過程中，設計產物與人之間無形的互動關係。從人類社會價值觀的變遷來看，環境不斷地變遷，人們認同的價值觀也會不斷地轉變，以致作用於環境的行爲也會不停改變。

設計師思考活動的主要目的，是用來導引出產品或服務，而此活動就如同一種具創意特質的問題解決過程，設計師如何思考與發展設計解決方案，以及如何確立適合的決策，並將思考的內涵清楚地傳達價值與意義，創造出產品、服務及相關的關鍵者間的互動價值，就是一項很重要的研究議題。

隨著網路的發展、媒體形式的改變，豐富了人與物、人與人之間的溝通模式，設計的互動性思考也日益重要，互動設計的專業需求也應運而生。因此，互動設計的觀念、方法與應用就需要被清楚的描述，讓想要了解此專業領域的人也能一探究竟。

很高興臺北科技大學互動設計系三位教授的用心，出版「互動設計概論」一書，將互動設計的基本觀念、原則與方法，到生活中的應用實例，以清楚易懂、循序漸進的方式呈現，讓讀者享受了互動設計專業美食的饗宴，本人很榮幸能受邀爲此書撰寫序文。

國立臺灣師範大學設計學系 教授

Contents 目錄

推薦序 - 國立臺灣科技大學設計系 陳建雄主任
推薦序 - 國立臺灣師範大學設計學系 梁桂嘉教授
目錄

010 Part 1 前言

013 Chapter 1 互動設計的首要原則：使用者經驗

014 1-1 解決問題的過程
018 1-2 使用者經驗的心理學基礎
029 1-3 使用者經驗內涵
036 1-4 設計思考與使用者研究

046 Part 2 互動設計 vs. 人機介面：與電腦的對話

049 Chapter 2 人機介面的人因基礎

050 2-1 人機系統基本概念
055 2-2 人的認知過程與介面設計
063 2-3 心智模型與介面設計

071 Chapter 3 人機介面使用性

072 3-1 使用性工程
080 3-2 介面使用性設計與使用者評估
087 3-3 使用性設計實務
099 3-4 介面設計之原理原則

105 Chapter 4 人機介面使用者經驗設計

106 4-1 介面的形式
111 4-2 介面使用者經驗元件與設計流程
116 4-3 使用者介面設計程序與方法應用

138 Part 3 互動設計 vs. 展示科技：互動展示科技的無限魅力

141 Chapter 5 應用性展演設計分析與研究

142 5-1 應用性展演設計之意義

144 5-2 展演設計技術介紹（AR / VR / 浮空投影 / 球型投影）

175 Chapter 6 展演設計型態分析

176 6-1 視覺型展示

178 6-2 嗅覺型展示

182 6-3 聲音型展示

188 6-4 肢體型展示

191 Chapter 7 互動應用分析

192 7-1 人臉辨識系統

198 7-2 動態感應裝置

203 7-3 快速響應矩陣碼（QR Code）

206 7-4 無線射頻辨識（RFID）

213 Chapter 8 超展示設計之應用

214 8-1 投影技術應用案例

223 8-2 微定位技術應用案例（Beacon）

226 8-3 快速響應矩陣碼應用案例（QR Code）

236 Part 4 互動設計 vs. 數位學習：互動學習的未來趨勢

239 Chapter 9 互動科技進化下的數位學習

240 9-1 互動科技之數位學習的意涵與幫助

242 9-2 互動科技之數位學習的發展與契機

245 Chapter 10 互動式數位學習的技術與工具

246 10-1 虛實整合之數位學習的技術與工具

248 10-2 結合頭戴式裝置的行動數位學習

250 10-3 多螢幕互動式的數位學習

251 10-4 體感裝置數位學習的技術與工具

253 Chapter 11 互動式數位學習的應用案例

254 11-1 虛實整合之數位學習應用案例

257 11-2 頭戴式裝置之數位學習應用案例

259 11-3 多螢幕互動式之數位學習應用案例

262 11-4 體感裝置數位學習的應用案例

前言

Part 1

互動設計的首要原則：使用者經驗

1-1
解決問題的過程

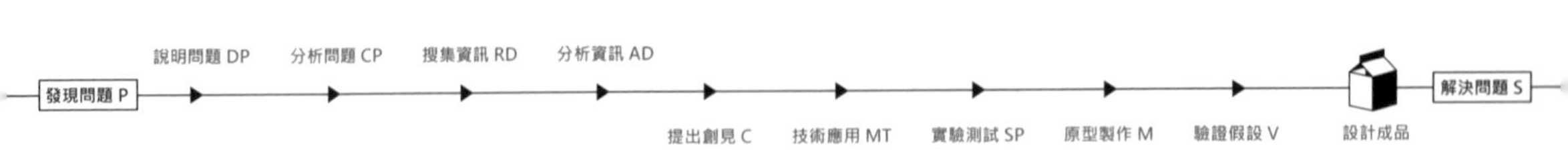

▲ 圖 1-1　解決問題的過程（Munari, 1981）

多年前開始接觸設計領域時，對於設計還存在著許多美好幻想，總認爲一個工業設計師就是要設計出獨特的產品呀！然而每當進行設計案的過程時，教授總是不斷的提醒：「你設定的問題點在哪裡？」但當時心裡唯一的苦惱就是：「『想不出來到底有什麼問題』就是我最大的問題啊！」時至今日，當年那個腦袋裡充滿問號的學生，也成爲逼著學生要講出設計問題點的老師了。

所以首先要來個提問：「你學設計的初衷是什麼？」，是偶像劇中那個背著畫筒，將自己獨特的想法，透過畫筆盡情揮灑的浪漫藝術家呢？還是一位極力在機構尺寸與美學的要求之間取得平衡點的設計師呢？

談論使用者經驗之前，首要思考的問題是：如何透過客觀的設計方法與程序，讓創意在設計師手中轉變成眞正能產生價值的物件。設計就是藉由系統性的行動步驟，將過去的經驗（使用上的問題），經由邏輯的編排（設計的方法），使其達到最大的效果（企業希望獲得的價值）。

因此，再次從「問題」到「解決」的過程來看待設計。1989 年曾堉與洪進丁兩位學者翻譯義大利設計師布魯諾莫那（Bruno Munari）1981 著作《物生物 - 現代設計理念》（Da cosa nasce cosa）的核心，如圖 1-1，會發現設計的本質與今日其實並沒有太大的不同，差別僅在於審視角度的多元以及設計本身受到的關注程度改變！

1. 說明問題（DP）

兩人首次見面，雙方會自然地從頭到腳打量一番。所以瞭解問題前要先分析問題所處的範疇。再謀求解決方案。凡事事出必有因，要知其然必先知其所以然。造成一個問題的因素不會只有一個，所以解決的方法也不會只有一種，這個步驟的目的在於將問題分解成單元以說明問題的全貌。對於問題的釐清與掌握是解決過程中好的開始。

3. 搜集資訊（RD）

一個問題可能有許多不同的解決辦法，問題解決者要選擇他認爲最合適的方法，因此必須搜集相關線索來瞭解市場的訊息。搜集資訊包含了質性與量化的方法，質性的方式有助於深入探索問題，而量化的研究方式則對於掌握問題的一般性有所助益，端視問題解決者所能執行的能力而定。

▲ 圖 1-3 透過使用者研究蒐集電子書的閱讀行為特徵

2. 分解問題（CP）

所有問題都有它組成的單元，這些單元可以協助發現並解決大問題下潛在性的小問題，有助於確認問題所涉及到的範圍，掌握面臨問題時應做的準備與解決方案，如圖 1-2。

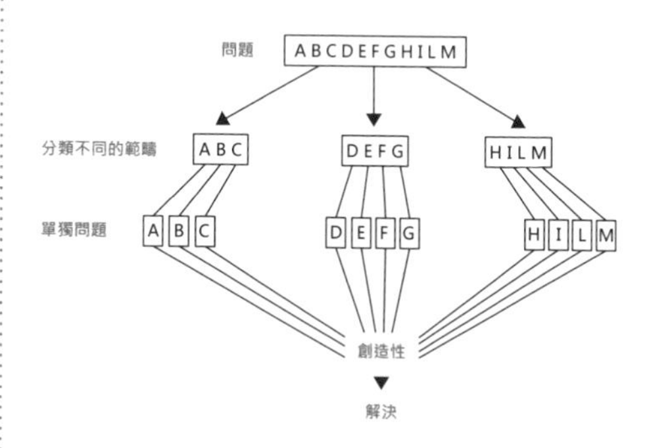

▲ 圖 1-2 一個問題由不同層次的單元問題所組成

4. 分析資訊（AD）

攤開搜集到的資訊來看，有的是藉由問題解決者實際掌握問題訪查的初級資料，其具有眞實性；有些則是透過現有資料的解讀與分析所獲得的，需要更深入的判斷。無論是何種形式的資訊，都必須經由系統性的分析方法才能慢慢形成可行的理念（Idea）。

5. 提出創見（C）

在獲得足夠的有效資訊後，便可開始依據自身的能力著手解決問題，這時候設計師的任務就是提出創見，也就是進行構想與概念的展開，將模糊的理念轉成具體的方案。在這個階段可以導入設計思考方法，以利於做全面性的概念推演，如圖 1-4 透過情境分析法探索系統的創新應用情境。

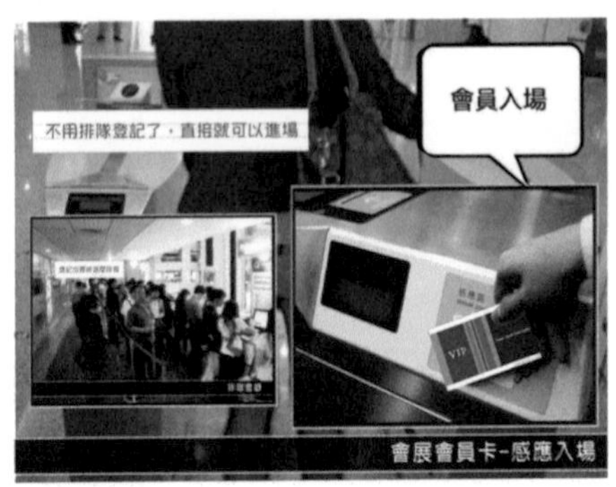

▲ 圖 1-4　應用情境法推演設計解決方案構想

6. 技術應用（MT）

科技的發展永不停歇，甚至超越了人們創造價值的速度。因此，設計師必須擁有掌握技術新知的敏銳力，得以提供良好的解決條件在技術與材料上，包含技術能呈現的優勢以及限制，選擇加以應用的最適切技術。

7. 實驗測試（SP）

設計師的腦中對於技術的應用有著許多的憧憬，但在現實面上，卻經常遭遇成本的控制、時間的壓力以及材料與技術的限制以至於難以發展，因此必須透過實驗測試，才能漸漸得出符合現實的結果。實驗測試有助於創見構想的收斂，讓解決方案的可行性逐漸撥雲見日。

8. 原型製作（M）

選定具有操作性的設計模型（Model）或原型（Prototype）將其轉化成爲可見的方案。在設計原型中，產品或系統的功能性可藉由限制性的或全功能性的操作進行檢視。

9. 驗證假設（V）

不同的設計模型與原型代表不同的解決方案，必須藉由考驗來驗證它的實用性與價值。其目的除了驗證結果是否與設計師的構想相符以外，更重要的是必須確保是否符合目標使用者的需求，奠定產品上市後可能帶來的效益。

因此，深入探索問題的內涵（Context），可從不同的角度看待問題的本質，才能具體的獲得所有解決問題的可行方案，並產生具有創新特質的產品與系統，而這也正是以使用者爲中心的設計思考的核心！

使用者中心設計（User Centered Design, UCD）、使用者導向設計、人本設計、使用中心設計等不同的名詞也許有其字面上的差異，但基本上同樣的在說明一件事：設計應從使用者的角度出發。使用者中心設計是一種設計哲理、也是設計進行的過程，其精神爲目標使用族群的需求以及整個設計過程都必須要獲得關注。而每個階段都應視爲一個「問題」～「解決」的過程，不僅要求設計師能分析與預測使用者如何使用產品，也要測試產品實際使用時發生狀況的可能性。這些測試是有必要性的，因爲產品設計師通常不易理解第一次使用者的經驗是什麼，以及每個使用者的學習曲線可能是什麼樣子。使用者中心設計在於將產品進行最佳化，而不是強迫使用者改變他的行爲來適應產品的使用。

1-2 使用者經驗的心理學基礎

深受包浩斯影響的設計教育，在過去秉持著做中學的哲理，讓設計學子從學習設計技法→提出設計概念→具體化呈現，這是每一位學習設計專業的人必經過程。而這樣的邏輯思維，在 2000 年由學者卓耀宗翻譯美國設計心理學家唐納・諾曼（Donald A. Norman）於 1988 年所著作的《設計心理學》（The Psychology of Everyday Things）後，撼動了整個設計學哲理的傳統思維邏輯。本著作再版後更名爲《設計 & 日常生活》（The Design of Everyday Things）。在這本書中，諾曼以自身爲心理學家的角度切入談論日常生活用品的設計心理學，讓許多從未以此面向思考的設計學人受到影響並加以探究。在這裡我們來談論下這本書的一些重點，而他的中心思想便是以人爲出發點，亦即使用者爲中心的設計哲理。

從心理學的角度，諾曼以認知模式的出發點來探索一個人在執行一件事的過程。他提出了人們在日常生活中，執行過程中都會面臨七個步驟。基本邏輯在於每個人在做每件事情前，一定都會先進行目標（Goal）的設定，然而在眞正開始達成目標前，都必須透過評估（Evaluate）眞實世界的現狀，也就是進行觀察、解釋再重新設定可行的目標，藉由動作意圖的產生、順序的建立後再實際執行（Execution），才算眞正完成一個動作。而「評估」到「執行」的過程，不斷在日常生活中大小的事件重複發生。

當然，可以完成目標是美好的，但有時候事情總不盡人願。從評估到執行的過程，可能會有你心中與實際發生的狀況落差（Gulf）。

▲ 圖 1-5　美國設計心理學家唐納 · 諾曼（Donald A. Norman）

所以，設計師能做到的就是讓這之間的落差減少，也就是說讓你所要面對並使用的產品，滿足執行過程的所有需求，且不要讓你失敗！

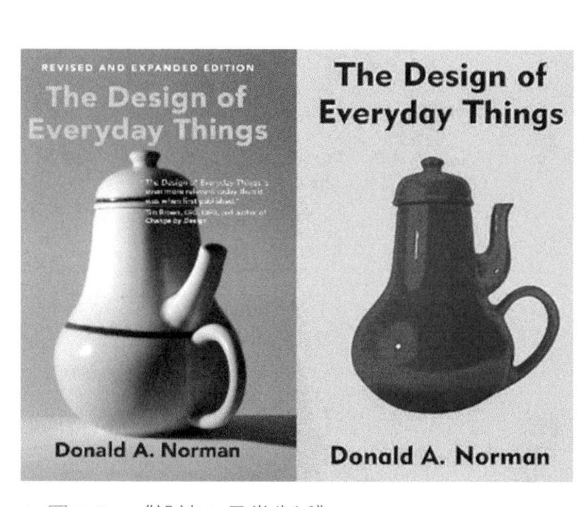

▲ 圖 1-6　《設計 & 日常生活》（The Design of Everyday Things）

因此，諾曼用此七個步驟去解釋人在完成任務的過程必須要經歷的問題，也依此說明了設計師在設計一個系統或產品介面的時候，必須考量哪些面向與功能才能讓使用者容易的達成任務。

因此，以下的例子將針對這七個步驟進行討論與分析，以「如何使用一臺複合式事務機複印身分證」做爲目標。

1.
Perceiving the state of the world

2.
Interpreting the state of the world

3.
Evaluation of interpretations

評估 Evaluation

4.
Goals

執行 Execution

5.
Intention to act

6.
Sequence of actions

7.
Execution of the action sequence

1. 觀察現實世界的狀態

上述的目標並未清楚地說明你該怎麼做，所以第一件事得先觀察身邊現實世界中的狀態，例如休眠中的機器、送紙匣中有幾張影印紙、手中的身分證。

2. 解釋這個狀態

這裡探討的是你心中所看到的狀態是什麼，例如事務機需要被喚醒、影印紙的數量是多少、身分證的大小比起掃描檯面要小得多等。

3. 評估你的解釋所產生的結論

在你心中有了現實狀態的樣貌，也知道這樣的情景所代表的意義是什麼，接下來你得進行評估。在這個階段有一些方案供你選擇。包含你可能要按下按鍵區唯一亮著的按鍵來喚醒它、現有的影印紙足夠你的使用、身分證可以隨意擺置於掃描檯面不會有印不到的區域。

4. 重新設定可行的目標

心中有了評估現實世界的結論，你就會依照這樣的假設再次去設定可以達成的目標，而這個目標可能會和預想的一樣，但更可能與先前設定的目標不同，例如你最後發現到紙張不足、事務機的喚醒燈沒有亮等的狀況。

5. 產生準備進行動作的意圖

現在你重新設定好要達成的目標，那麼就有了去執行它的意圖，促使你去達成目標。

6. 排定所有動作的順序

有了意圖無法讓你做事，排定任務的順序與方法才是執行的關鍵。你知道得先按下按鍵區的喚醒燈，可能要等待它暖機、然後利用這段時間把身分證放在影印掃描檯上，最後再按下影印的按鍵。

7. 執行這個排定好的順序

這個步驟沒有什麼訣竅，做就對了。你的認知告訴自己，只要依照排定的順序完成，一定可以達成評估過後所設定的目標！

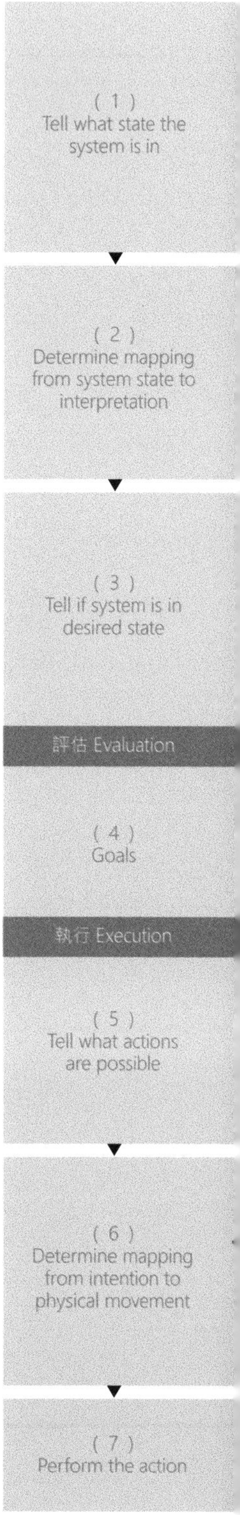

(1) 將系統設計得可以讓使用者容易辨識

使用者需要運用到身體的感知覺察系統，那麼系統就應該要給予清楚的「顯示」（Display）。如前面提到的例子來說，休眠中的事務機應該要有一個明確的燈號讓使用者知道它正在休眠，以及明確的看到送紙匣中有幾張影印紙等。這裡具備的概念就是系統需要「可視性」（Visibility）。

(2) 讓系統的呈現方式明確指示其狀態的意義

這裡要談到的是「配對」（Mapping）的概念。也就是說，設計師賦予系統顯示所代表的意義，必須符合使用者所認定的意義。例如事務機睡眠的燈號必須要讓你認爲它眞的是在休眠，而不是故障或關機。

(3) 系統的設計要能讓使用者決定他可以怎麼做

了解系統的意義，進一步的要能讓使用者知道要做什麼選擇。例如，亮著綠色燈號的待機鍵在告訴你：叫醒機器，按我就對了！如果這時候你去按它沒有反應，或是它只是一個燈號，你必須要去尋找其他的按鍵，那麼你可能會暗自抱怨：這設計好爛，我怎麼知道要如何啓動？

(4) 設定可行的目標

有了足以讓使用者評估如何動作的系統介面設計，這時候就能評估所能達成的目標，也就是說，這時候的使用者已經決定好要按下那待機鍵以啓動，達成複印身分證的目標。

(5) 了解接下來要進行的動作

從這個步驟開始，系統的設計要提供使用者如何去「控制」（Control）。要能引發使用者操作它的動機，例如透過清楚的發光按鍵。

(6) 將所產生的意圖與實質的動作加以配對

系統的運作與使用者的思考具有「一致性」是一個重要的概念，使用者認爲應該如何控制，那麼系統的設計就應該要依照使用者的想法去運作。例如當你按下待機鍵，機器應該開始發出聲音進行暖機，然後出現下一個提示讓使用者操作。

(7) 執行這個動作

依照上述的一致性設定，系統進行運作以達成預設的目標。

(1)
Tell what state the system is in

(2)
Determine mapping from system state to interpretation

(3)
Tell if system is in desired state

評估 Evaluation

(4)
Goals

執行 Execution

(5)
Tell what actions are possible

(6)
Determine mapping from intention to physical movement

(7)
Perform the action

在這裡諾曼提出了概念模型（Conceptual model）一詞，也就是人們在面對外界事物的運作時，對其如何操作會在心中進行模擬。一個好的概念模型能夠讓使用者預測行動所產生的結果，但不佳的概念模型則會增加使用者的記憶負擔，圖 1-7 說明了設計模型（Design model）代表設計師的概念模型，使用者模型（User's model）即是使用者透過系統所產生的心智模型（Mental model），而由於設計師無法直接與使用者對談，因此必須透過系統印象（System image）把他的想法表達清楚給使用者。

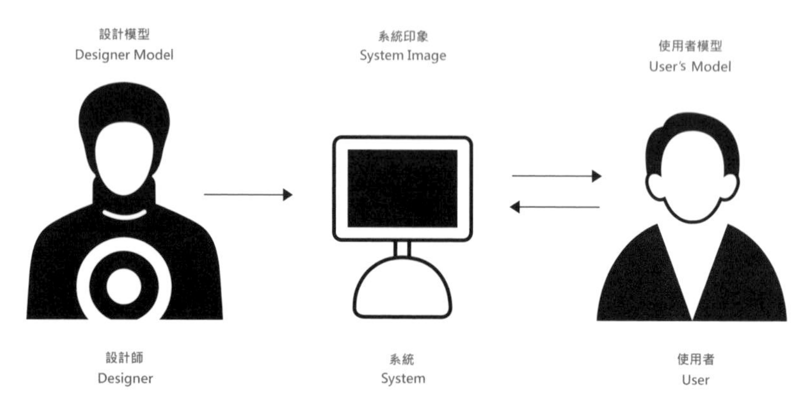

▲ 圖 1-7　設計師的概念模型與使用者的心智模型

Affordance 指直觀功能、預設用途、環境賦予、可操作暗示、支應性、示能性等。

一個諾曼所提出的核心要點便是 Affordance 這個詞。它有多種詮釋而產生了不同的中文翻譯詞，此名詞源自知覺心理學家詹姆斯 ‧ 吉布森（James Gibson）在 1977 年所著的《預設用途理論》（Theory of Affordance）一文，其更在 1979 於《生態學的視覺論》（The Ecological Approach to Visual Perception）的著作中進一步完整的解釋生物與環境的對應關係，即自然環境中的所有物質，本身物理屬性的組合能與生物之間存在某種對應關係。他認爲物件的所有 Affordance 是可以被察覺到的，其訊息直接表現於視覺中，而大多數的物件擁有一種以上的用途，人們將物件用於何種行爲，取決於人們的心理狀態。

"Affordance refers to the perceived and actual properties of the thing, primarily those fundamental properties that determine just how the thing could possibly be used."

預設用途係指一個物件能夠被感知的實質特性，特別是那些決定該物件可能如何被使用的基本特性。

因此對於產品來說，可以用 Affordance 來說明以下的意義：

- Affordance 係指一個產品實際上用來做何用途，或被認為有什麼用途。也就是說在產品的某個方面，具有讓人明顯知道該如何使用它的特性。
- 人們得知如何使用產品有一部分來自認知心理學，另一部分來自產品的外觀造型。
- Affordance 為一個產品所具有的物理特性，其最主要的核心概念是產品的特性決定了使用者的行為。

這裡我們用不同類型的剪刀來解釋。無論是哪一支，它們都包含了手握持以及剪斷物件的外觀特質，明顯的告訴使用者它們的用途，再更進一步的藉由細部設計，如握把與刀刃的造型、大小與質感等，明確的告訴使用者它們之間的差別，如剪布、剪頭髮、通用等，我們在使用的時候就可以決定要用哪一種操作的行為以達成目標。

由此可見，使用者在面對外界事物時心智活動所歷經的七個步驟，以及產品的 Affordance 的意義綜合起來討論，以下四項重點是諾曼認為設計師可以讓系統變得更容易使用的關鍵：

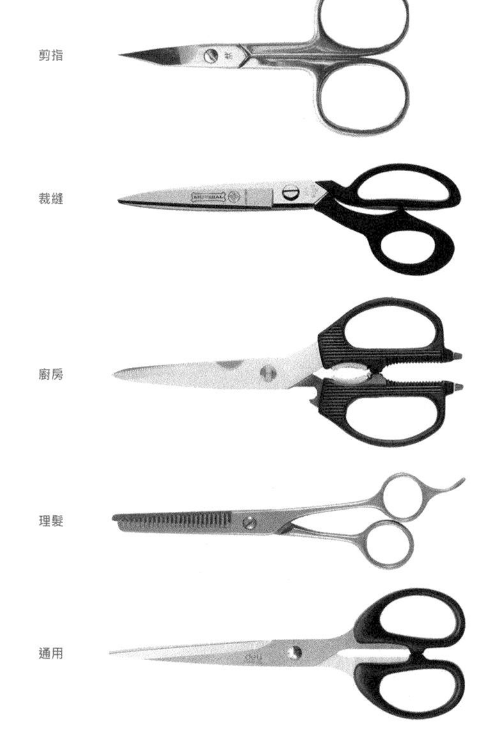

▲ 圖 1-8　具有不同 Affordance 的剪刀

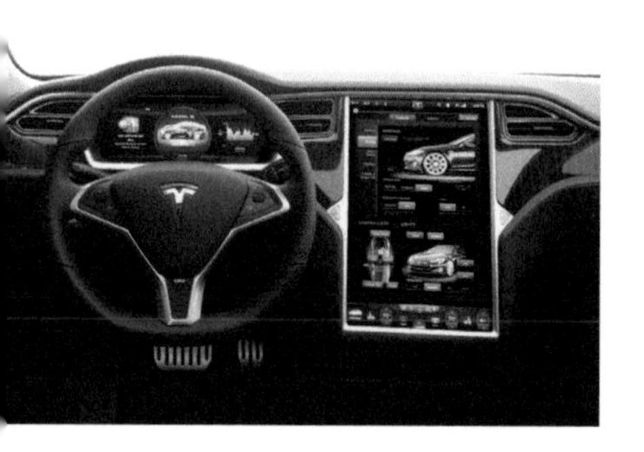

▲ 圖 1-9　新款汽車中控臺應具有更良好的可視性（下）

一、可視性（Visibility）

意指系統操作應有良好的提示，且對應明確的控制方式。如此良好的操作關連性能讓使用者順利完成任務。因此，設計完善的可視性可讓使用者快速理解操作模式。

以汽車的中控臺舉例來說明。左上圖是 90 年代傳統的賓士汽車（Mercedes-Benz S-Class）中控臺操作面板。由於駕駛中的音響或空調操作應該避免讓駕駛人的視線過度停留，因此經常會藉由不同形式的按鍵設計讓駕駛人透過「觸摸」來分辨其功能的意義。然而，技術的進步讓觸控螢幕進一步的取代了傳統按鍵的操作，如左中圖的 Tesla Model S 使用了 17 吋的觸控螢幕做爲中控臺，在少了觸感的分辨後，螢幕的可視性顯得更爲重要，才能讓駕駛人用最短的時間進行操作以避免造成意外。

▲ 圖 1-10　以座椅的型態設計電動座椅調整按鍵（取自 Mercedes-Benz 網站）

二、配對（Mapping）

顧名思義，兩件事物之間的關聯性。也就是說，系統的控制方式與產生的結果兩者之間都必須要有關聯性。諾曼舉例賓士汽車中所設計的電動座椅與控制按鍵之間的關聯性，其操作簡而易懂，使用者僅需調整與座椅型態對應的按鍵即可。而這樣的設計，賓士汽車沿用了許多年，即便在今日最新的款式上亦然，如圖 1-10。

▲ 圖 1-11　遊戲者使用與系統對應的姿勢進行互動遊戲
（左：ASUS 體感娛樂系統；右：Microsoft XBOX 360）

Mapping 的概念早在多年前即於人因工程領域以相容性（Compatibility）一詞加以闡釋。相容性的定義爲控制介面與顯示介面間的關係與人們期望一致（Consistency）的程度。具有良好相容性或一致性的介面可讓使用者更容易的操作，反應時間會縮短且產生較少的錯誤，使得調整或操控得以更加準確，而讓使用者擁有較高的滿意度。近幾年不斷發展的自然人機介面就是一個很好的例子。微軟 XBOX360 的 Kinect 遊戲便是利用了人體與介面之間良好的配對概念，讓遊戲者與畫面中的人物在指令輸入以及操作姿勢之間有良好的相容性，如圖 1-11 使用者可以如身歷其境的與介面進行互動。

三、回饋（Feedback）

系統必須要向使用者發送訊息，讓使用者知道他進行了什麼動作以及產生什麼結果。系統回饋可說是控制訊息理論中常被提及的重要概念。如圖 1-12 的等待圖示，便是系統處於運算的狀態，也必須要有圖示告知使用者需進行「等待」的動作。互動系統需要有回饋的概念已經不是新鮮的概念了，更重要的是要用符合使用者所期待的回饋形式。

▲ 圖 1-12　不同作業系統所使用的等待圖示回饋

四、考量人會犯錯（To Err is Human）

只要是人都會犯錯！即便我們都能有這樣的認知，遇到他人犯錯的時候卻往往難以接受。如圖 1-13 其中一則空難報導當時鬧得沸沸揚揚，事件發生時追究原因有所謂的大自然不可抗拒的因素或是人為因素等。然而當矛頭指向人為疏失時，往往人們會開始責難相關的人員。然而站在人因工程的角度，應該做的是認清人會犯錯的事實，探討相關的疏失是否來自於系統設計的問題，以避免問題再一次發生。

▼ 圖 1-13　關於人為疏失的相關報導

自由時報 Liberty Times Net

首頁 > 報紙 > 焦點

興航墜河空難 飛安會：人為肇禍

2016-07-01

最終報告 指機師訓練不足

〔記者甘芝萁、黃立翔／台北報導〕復興航空GE235
基隆河的不幸事件，造成四十三人死亡、十五人輕重
因導向人為疏失，二號機引擎訊號異常卻關了一號機
訓練未依標準執行等問題，且正駕駛對於處置緊急狀
風險問題因而釀禍，飛安會主委黃煌輝更形容，「失

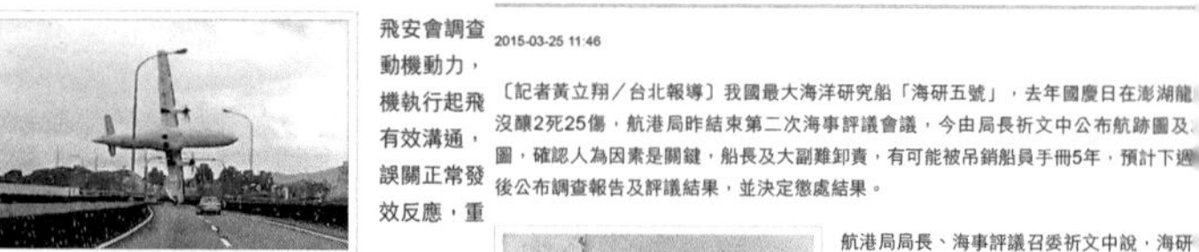

飛安會昨公布去年復興航空基隆河空
終報告，指事故原因主要是機師未遵
不良，造成連串失誤。
大道高架橋護欄、墜落
，取自網友謝鎮宇YouTu

飛安會調查
動機動力，
機執行起飛
有效溝通，
誤關正常發
效反應，重

難。其雖通過航路初
願得猶豫。

駛參與在新加坡的AT
；最後他重考通過
五十一小時，轉飛60

自由時報 Liberty Times Net

首頁 > 即時 > 生活

10年來首例！列車錯軌往北開 高鐵：人為疏失

2017-05-13 19:58

〔記者蕭玗欣／台北報導〕首例！高鐵傳出回送列車跑錯軌道。高鐵10日下午3點左右，未載客的回送列車測試完後，原本要回到左營車站，駕駛到另一頭駕駛艙準備讓列車開入基地，想不到台南站控制員沒有完成設定，結果竟發生列車一路北上往台南開的烏龍！高實，此事涉及人為疏失，已依內部程序進行調查，並提報檢討改進計畫，避免類似事件再生。但該事件是高鐵通車10年來首次鬧下如此烏龍。

高鐵10日下午3點左右，一班未載客的回送列車測試完後，原本要回到左營車站，想不到台南站控制員沒有完成設定，結果竟發生列車一路北上往台南開的
照，記者侯承旭攝）

有民眾認為，該列車跑錯軌道還一度停在路線上危險，幸好當時沒有列車北上，才未釀成意外！

高鐵公司表示，經查是發生在5月10日的回送列當時車上並無旅客，並未影響營運安全。且高鐵行進過程中，均受列車自動控制系統（ATC）的保護，絕無發生意外的可能。

高鐵公司初步調查後表示，當時因控制員未設定車路徑，並無所謂「控制轉轍器疏失，關上其他

查，並無刻意隱瞞

自由時報 Liberty Times Net

首頁 > 即時 > 生活

航港局：海研五號沉船確認是人為因素

2015-03-25 11:46

〔記者黃立翔／台北報導〕我國最大海洋研究船「海研五號」，去年國慶日在澎湖龍沒釀2死25傷，航港局昨結束第二次海事評議會議，今由局長祈文中公布航跡圖及圖，確認人為因素是關鍵，船長及大副難卸責，有可能被吊銷船員手冊5年，預計下週後公布調查報告及評議結果，並決定懲處結果。

航港局局長、海事評議召委祈文中說，海研
首次會議，對於事
，確定事故因海象
大，昨召開二度評
並做文字修正。

五號正在返航途中
，卻在澎湖吉貝
，航港局調查人
之辭，依照VDR
後未有人員處置
海域或船隻頻繁航
）。

見海研五號左舷後
密艙門也未關閉
因果關係，但已

研五號結束任務後
該隨時修正航道
悲劇發生」。

自由時報 Liberty Times Net

首頁 > 即時 > 生活

統計前兩年228連假事故原因 高公局：多人為疏失

2017-02-23 12:16

〔記者甘芝萁／台北報導〕228連假即將到來，高公局表示，前年及去年228連假期間，國道分別發生167件及255件事故，平均每日發生55.7及85件，肇事原因多為未注意車前狀態、注意力不集中或變換車道不當所導致，都是人為疏失所造成，呼籲駕駛人行駛國道，應養足精神並隨時注意路況。

228連假即將展開，高公局統計前年及去年228連假期間，國道事故件數及原因多是人為疏失所造成，呼籲駕駛人行駛國道，應養足精神並隨時注意路況。（資料照，記者張聰秋攝）

高公局表示，連假期間高速公路車流量大，提醒用路人注意行車安全，以免因為發生事故，影響出遊興致、耽誤原來安排的行程，也影響其他用路人的行車順暢。

經統計104、105年228連續假期間（3天）國道事故資料，分別發生167件及255件事故，平均每日發生55.7及85件，其中包括未注意車前狀態、注意力不集中或變換車道不當所導致，均係人為疏失所造成，故駕駛人行駛國道仍應事前養足精神並隨時注意路況。

另統計國道事故平均每件處理時間約25到30分鐘，事故規模較大者，越需花更久的時間；在平日交通狀況下，一旦發生事故造成回堵，每回堵1公里約需花10分鐘才得以紓解（2公里約20分鐘，以此類推），如發生在連假車流量大時，後續車流不斷湧入，更增紓解的困難，將造成更多用路人的不便。

高公局強調，民眾行車時如發生交通事故，請儘速通報1968或110專線處理，避免造成後續二次事故，在警方人員未到達現場前，應先啟亮危險警告燈，並在車輛後方約100公尺處，豎立車輛故障標誌。為加速事故排除，高速公路局也要求各轄區工程處，配合國道公路警察局加速事故處理，於重點路段預置大吊車進駐工務段，並請拖救業者協助重點路段拖救作業。

自由時報 Liberty Times Net

首頁 > 即時 > 國際

巴西足球隊空難鑑定出爐 人為疏失造成

巴西查比高恩斯足球隊於上月29日不幸遇上空難，哥倫比亞飛航當局的初步鑑定報告指出，整起空難全因人為疏失導致。（美聯社）

2016-12-27 06:47

〔即時新聞／綜合報導〕巴西查比高恩斯足球隊（Chapecoense）於上月29日不幸遇上空難，失事飛機上共有71人罹難，其中包含19名足球隊員。有外媒報導指出，哥倫比亞飛航當局的初步鑑定報告指出，整起空難應歸咎於機師、航空公司和玻利維亞監管機構的疏失。

綜合外媒報導，哥倫比亞飛航官員表示，該起空難事故的發生與技術因素無關，完全是人為疏失，因為這架玻利維亞美里達航空公司（LAMIA）的班機沒有在飛行途中加油，且機師也未及時通報燃料不足，才會造成飛機的發動機故障。

另外，除了飛機缺少燃料外，這架班機也超載了近400公斤，且班機的飛行高度也有問題。哥倫比亞當局的初步調查結果，與玻利維亞於上星期的調查報告大致吻合，都認為美里達公司和班機機師須為空難負直接責任。

諾曼將人會犯的錯歸納成兩種主要類型，一爲失誤（Slip），也就是原先欲完成任務的路徑因某種原因不小心在中間錯失了，例如原先要按壓A鍵，但因按鍵太小而誤壓了B鍵；另一種爲錯誤（Mistake），亦即所造成的錯誤是在使用者有思考、決策、並順利執行完畢後所產生與預期不同的結果，例如原先按壓A鍵的目的是想「進入下一頁」，結果卻產生了「回到上一頁」的結果，導致其原因可能爲按鍵的圖像設計意義與使用者所認知相反。而這兩種失誤的方式，對於設計師來說改善的方法便有所不同。

除了這兩種分類，在過去的人因工程研究中也歸納出以下六種失誤：

- 取代失誤（Substitution errors）

  如失誤（Slip）案例所提到，原先要選擇A進行操作，卻因爲某種原因選擇了B。

- 調整失誤（Adjustment errors）

  一般來說的狀況是「過與不及」，也就是說在操作控制介面時並未精確的調整到位。

- 遺忘失誤（Forgetting errors）

  也就是該記得的沒記得。一般來說如果介面的操作在使用者互動多次之後仍會忘記如何使用，就表示介面的學習性不佳。

- 顛倒失誤（Reversal errors）

  一般人在進行控制介面的操作時都具有在方向上的Stereotype，與使用者預期的方向相反便會產生倒置的失誤。

- 無意啟動（Unintentional activation）

  不該動的去動到了。若非使用者的操作目標，就不應讓使用者容易誤觸。

- 無法搆及（Inability to reach）

  不同的使用者會有不同的人體尺寸，在進行設計時都應符合人體計測參考數值。

因此，事先面對失誤並加以改善，便是設計師一個重要的課題。以下是幾個可以處理的面向：

1. 了解失誤產生的原因並事先預防以減低其發生的可能性。例如圖 1-14，是汽車原廠所配置的導航系統的起始畫面，往往都會有警語提示駕駛人，甚至採汽車行進間限制導航設定以避免因爲駕駛人的分心操作而產生交通意外。

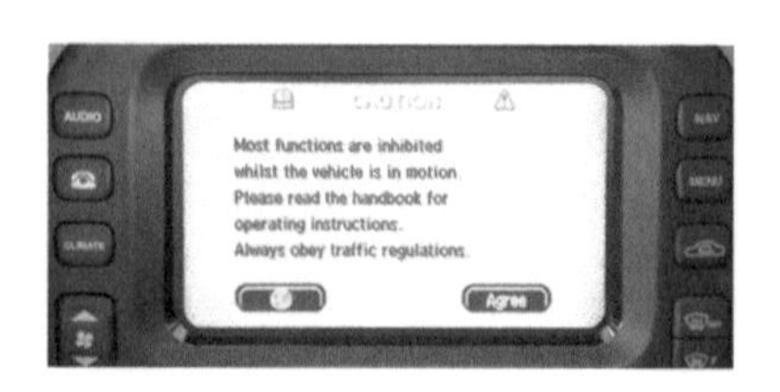

▲ 圖 1-14　英國積架汽車（JAGUAR）導航起始畫面所顯示的警語

2. 萬一使用者無法避免進而產生了失誤，也應提供「回復」的機制，也就是在電腦軟體操作上常用的 Undo 指令。抑或是以較困難的設計讓使用者不容易去誤觸，例如許多裝置的重置（Reset）按鍵經常會需要使用尖銳的物件戳動才能起作用。

3. 使用者需能很容易地察覺他們所發生的失誤，並以簡單的操作方式修正。例如汽車裡的安全帶未繫提示，除了如圖 1-15 的符號以外，多會伴隨著警示聲，讓駕駛人可以清楚的接收到警示訊息，直到把安全帶繫上爲止。

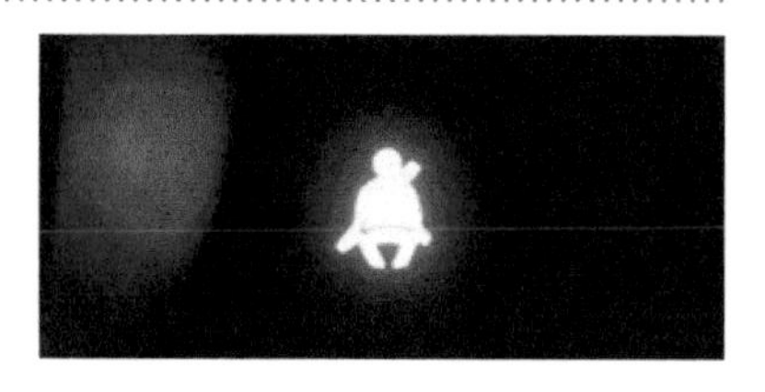

▲ 圖 1-15　車上的安全帶未繫警示符號

4. 改變對於失誤的態度。設計師必須意識到使用者不會以精確的方式去做操作，亦即諾曼提到的使用者在操作時只會以約略的方式進行判斷，因此設計的時候也應視其爲理所當然，而不要將錯誤歸咎於使用者的失誤。

除了上述處理失誤的方式以外，另一個最能夠避免使用者犯錯的方式便是讓他們在使用的途徑上有一定的限制（Constrainst），也就是不要讓他們有失誤的選擇。就拿安裝數位相機或手機的電池來說，電池室的設置通常會以形狀配對的方式，容許使用者只能用一個方向裝入電池，以避免因爲錯誤的方向造成短路或無法使用，如圖 1-16。

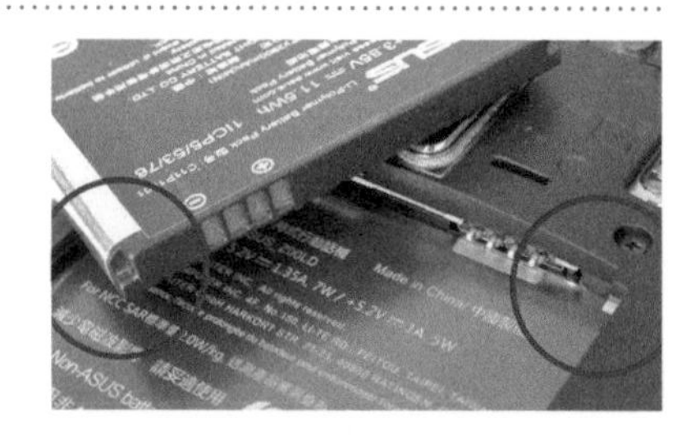

▲ 圖 1-16　行動電話電池安裝方向需有形狀的配對

1-3 使用者經驗內涵

NOKIA
Connecting People

科技始終來自於人性

▲ 圖 1-17　NOKIA 的品牌揭示語

如圖 1-17 對於許多使用過 Nokia 行動電話的中生代來說應該不陌生，但對於許多青少年來說這個品牌甚至是父母親年代使用的「古董」級玩意兒。然而，在 Apple 推出智慧型手機之前，Nokia 可謂稱霸當時的 Cellphone 市場，於今日又稱爲 Feature phone，泛指不具應用程式（Application software, APP）的功能型手機。Nokia 手機憑藉著人性化的功能分類層級頁面設計，也就是介面設計上所謂「資訊架構」的概念，透過符合認知需求的分類架構，可以讓使用者非常容易的找到他們需要的功能進行操作。

既然如此，圖 1-18 的座椅具有完美的人體曲線設計，是不是可以提供人們最服貼與舒適的座坐感受，堪稱人性化設計的代表呢？這個問題有待思考。

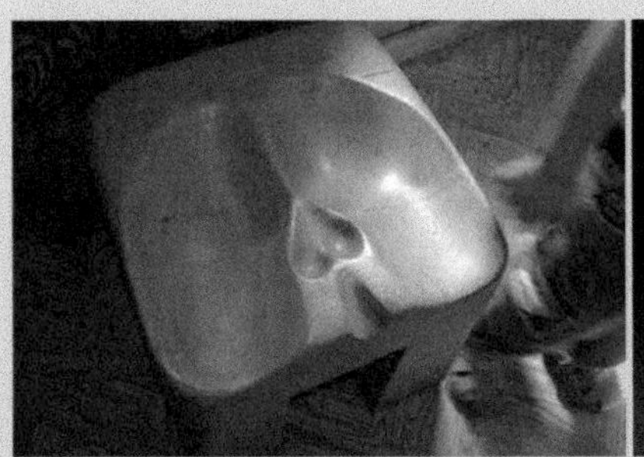
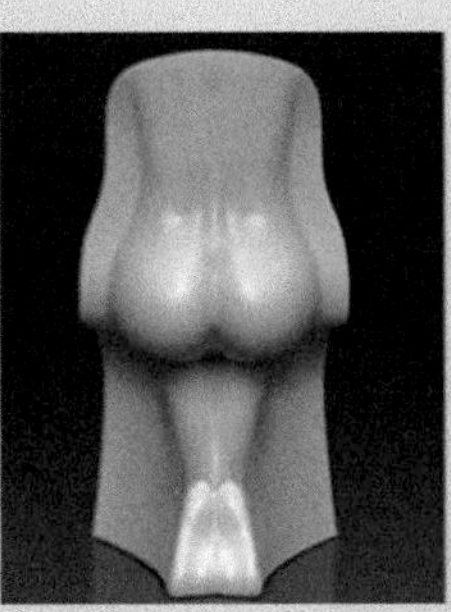
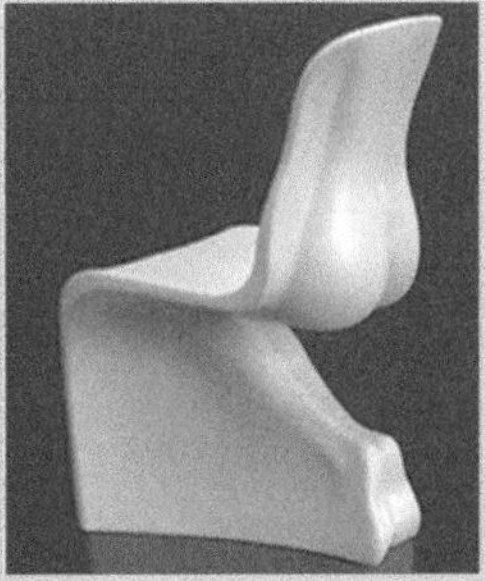

▲ 圖 1-18　具有完美人體曲線的座椅設計
（左：Scottish Bar Stool for Kilts；右：Fabio Novembre's Hers Chair）

3.5 inch display
960 x 640 pixels (4X more)
326 pixels per inch
800:1 contrast ratio (4X better
IPS technology for superb cc
and wide viewing angle

▲ 圖 1-19　賈伯斯所定義的視網膜螢幕

談到人性化的設計，一位最值得被提及的人應該就是已故的蘋果創辦人賈伯斯（Steve Jobs）了。許多使用蘋果產品的人相信都對於那高解析度的視網膜螢幕（Retina Display）感到驚艷。如圖 1-19 所示，賈伯斯所宣示的視網膜螢幕的命名原則便是依據「人」來進行的。他提到，人們的視網膜在距離 50 公分的範圍看手機能夠分辨螢幕上的解析度是 300ppi，而蘋果的視網膜螢幕可以達到 326ppi，因此使用者將不會看到螢幕上因圖片或文字放大而產生的鋸齒，而能夠產生舒適的閱讀體驗。

如此的閱讀體驗考量到使用者在特定的情境所需以及適當的技術提供，而這正是使用者經驗所需要設想的三大基本元件。再嘗試著去檢視 iPhone 以及 iPod 所提供的其他功能、以及他們所建構的系統與商業佈局，也許逐漸的察覺到蘋果能夠在智慧型手機市場稱霸的蛛絲馬跡：「把人性放入產品的設計思考中。」

早期的人因工程，「人性化設計」一詞就已經受到重視並做了以下的宣示：

1. **設計師應該秉持著產品、機器等是製造用來服務人類的信念，因此在設計時就必須把使用者因素考量在裡面。**
2. **每一位使用者在執行任務的過程中都會在能力的限制上有個別差異，設計師應該重視這些差異在設計上的意義。**
3. **所有的產品本身及其使用過程的設計都會影響人們的行為。**
4. **在設計過程中，參酌實徵研究以及評估所獲得的資料是極為重要的。**
5. **人因工程必須依據科學方法和客觀數據以進行假設檢定，依此建立關於人類行為的基本資料庫。**
6. **人性化的設計不止於獨立存在的產品、程序、環境與使用者，也應秉持著系統導向（System orientation）的觀念，才能完整涵蓋之間的互動關係。**

▲ 圖 1-20　以使用者為中心的介面設計流程

而這也就是目前大家都會掛在嘴上的「以使用者爲中心的設計」（User-centered design, UCD）。使用者中心設計指的是，在設計過程設計師必須預測使用者可能會如何使用產品，以及驗證其假設在實際操作中是否可行。如圖 1-20 使用者中心的介面設計流程圖爲例：首先必須要從經營管理端定義網站或應用程式的目標，再進行一連串的使用者研究導引需求，依此才能定義產品所能提供的互動內容，然後才是開始進行介面設計，而這中間則包含了程度不等的介面原型與評估，確認可行性之後再完成產品開發。

使用者經驗有了上述以使用者爲中心的概念，接下來談使用者經驗便有意義。使用者經驗係指一個人在使用產品、系統或服務時的感受，著重於情感上、意義上及價值上的體驗。除了這些面向，使用者經驗也包含了人們務實的感知部分包含功能性、容易使用以及系統的效率。因此使用者經驗在基本面上是主觀的，是關於個人對於系統的感覺以及想法。一個重要的概念是，使用者經驗並不是停滯不前的，而會隨著情境的改變而有所變化，這是設計師應特別注意的。

根據國際標準化組織ISO9241-210規範，使用者經驗乃是使用者在接觸產品、系統、服務後所產生的感知反應與回饋。因此使用者經驗是主觀且聚焦在使用的感受，包含了情緒、信念、偏好、感知、生理、心理、行爲及成就感，且會發生在使用產品的整個過程包含前、中、後期。

最早使用者經驗一詞是由使用者經驗設計師傑西・詹姆、賈瑞特（Jesse James Garrett）於2000年針對網站設計進行討論，他將使用者經驗元素分爲五個層級：從抽象到具體的觀念分別是策略、範圍、結構、骨架與表層。簡要的說明如右：

策略：瞭解使用者的需求與開發的目標
範圍：定義網站的功能性以及內容
結構：擬定互動介面的資訊結構
骨架：設計網站個別頁面的資訊搜尋架構
表層：賦予視覺設計的介面外觀

魯賓諾夫（Rubinoff, 2004）則將使用者經驗區分爲四大要素，分別爲品牌（Branding）、使用性（Usability）、功能性（Functionality）與內容（Content），並可透過此四大要素，針對產品進行使用者經驗優劣之評估。

哈森佐爾（Hassenzahl,2003）指出，設計師建構一件產品時包含了它的內容、表現形式、功能與互動性。產品會誘發使用者與其進行接觸與互動，而產品本身包含了兩種屬性：實用與娛樂。前者通常指的是產品使用效能，後者則是產品提供的互動形式或有趣的內容，對使用者所造成的情緒、喚起過往的記憶或想法。最後產生吸引力、愉悅或是滿意的體驗。

佛利西與巴塔比（Forlizzi&Battarbee, 2004）提到，設計師必須探討使用者和產品之間的互動關係，了解使用者經驗。使用者經驗重視的是了解人們與產品之間有哪些特殊經驗的產生，這些經驗可以包含生理的（Physical）、感官的（Sensual）、認知的（Cognitive）、情緒的（Emotional）以及美感的（Aesthetic）層面。

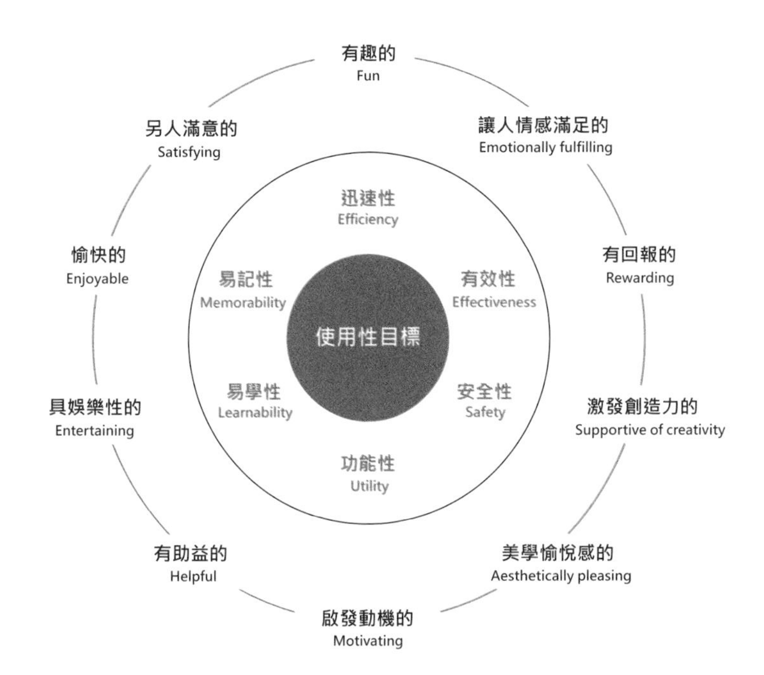

▲ 圖 1-21 使用性目標與使用者經驗目標

使用性目標

- 有效性（Effectiveness）系統能否做到該做的事？
- 迅速性（Efficiency）使用者是否能有效率的經過最少的步驟來完成工作？
- 安全性（Safety）系統必須能夠了解並避免使用者犯錯所造成的後果。
- 功能性（Utility）系統是否提供了正確的功能？
- 易學性（Learnability）使用者是否能快速上手摸清楚一個新面對的系統或產品？
- 易記性（Memorability）學會了就要能記起來，也就是再次使用時不需要重新學習。

使用性這部分我們會在後續的章節中做更深入的討論。我們繼續往下談使用者經驗目標，由圖 1-21 中可看出，這包含了更多人的情緒感知層面的向度。

使用者經驗目標

- **令人滿意的**（**Satisfying**）無論是在使用之前、中、後期，良好使用經驗的系統必須讓大多數人都能滿意。
- **愉快的**（**Enjoyable**）使用者使用產品的過程，是愉快且輕鬆的。
- **有趣的**（**Fun**）使用者的胃口很大，乏味的過程無法讓人持續的對其保有興趣，若能在體驗中加入樂趣，可以維持使用者持續的興趣。
- **具娛樂性的**（**Entertaining**）遊戲總能帶來歡樂，加入具有娛樂性遊戲元素的產品永遠不會讓人覺得沉悶！
- **有助益的**（**Helpful**）相較於樂趣的面向，一個對使用者有幫助的產品似乎不那麼感性，但卻能夠帶來溫馨的體驗。
- **啓發動機的**（**Motivating**）人都是被動的，一件吸引人的產品或系統要能引發使用者主動進行探索的動機。
- **美學愉悅感的**（**Aesthetically pleasing**）這在所有的感官系統中是最敏感的，美的事物總能夠帶來賞心悅目的感受，這也是設計師的天職。
- **激發創造力的**（**Supportive of creativity**）人們都具有無窮的創造力，只是長期被外在因素給牽制住罷了！讓使用者發揮原始的創意力，就能引發持續的探索。
- **有回報的**（**Rewarding**）人們在成長的過程中總喜歡受到肯定，相同的使用者在完成產品體驗的過程後也期望獲得正面積極的回報。
- **讓人情感滿足的**（**Emotionally fulfilling**）人都有七情六慾，在與產品的互動過程中自然也少不了，即便是給予一點小小的刺激，都會令使用者印象深刻。

使用者經驗設計（User experience design, UXD/UED）乃指一個人對於系統體驗的所有面向，包含介面、圖形、工業設計、實體互動以及使用說明等。此外，也包含了設計實務的應用，特別是在產出對使用者具有黏著度的、未來預測性的產品，更應需要有完整的使用者經驗的考量。因此，在大部分的情況下，使用者經驗設計完整涵蓋了傳統人機互動設計的領域以外，同時著墨於使用者所感知的產品與服務的所有面向。

因此新產品的創新與發展需求日益迫切，其目的除了保持企業長期競爭力外，更期望發展符合使用者需求的新產品，爲企業帶來新的契機。產品創新要能夠成功，必須要爲市場中的目標消費族群提供適當的、有用的科技，並爲使用者帶來滿意的使用者經驗（Norman, 1998）。要能夠達到此一目標的方法即是深入了解使用情境（Use context），同時考慮使用者之潛在需求、互動環境與產品功能三者之對應關係，以使用者爲中心的系統觀來進行產品設計與創意的產生。如此可以使企業在有限的時間與人力資源下，開發出有用、能用、且吸引顧客的產品，才能夠幫助科技產品眞正的融入使用者的日常生活。

使用者爲中心的開發方法包括五個主要元件：使用者（User）、任務（Task）、工具（Tool）、技術（Technology）與環境（Environment）。以使用情境的結構說明人、事、時、地、物之間的關係，透過使用者分析、活動與任務分析、使用環境分析等，全面性的考量使用者在特定的情境中對功能、資訊的需求，如此設計師才能夠了解不同使用情境下產品設計應提供之功能爲何，更精確開發出顧客需要的產品。此以國際知名設計公司 IDEO 以及國內華冑設計所應用的設計思考（Design thinking）方法爲例進行說明。

1-4
設計思考與使用者研究

桑德斯與丹達維特（Sanders 與 Dandavate, 1999）認爲經驗是無法被設計出來的，因爲經驗是時間累積之下的產物。使用者經驗是由兩個部分組成，一個是溝通傳達者提供的部分；另一個是接收者接收的部分，當兩者產生交集時眞正的溝通才算發生。唯有了解什麼樣的經驗影響溝通的接收，並擷取溝通過程中的經驗要素，才能成爲有用訊息。因此他們發展了產生式工具（Generative tools），將使用者研究依據所針對的焦點以及研究的類別分爲三個部分：Say、Do、Make，前兩項主要爲訪談與觀察，Make 則是使用各式工具進行實質與視覺的親身經歷記錄，讓使用者盡可能的描繪他們的期望，以深入探測了解使用者的需求。

近年來受到重視的設計思考法，便是在著重使用者需求的核心下發展出來的問題解決導向的方法。也因爲是以發展解決方案爲基礎的方法（Solution-based method），設計思考法不是僅在學術界談論的方法，更是在企業界中廣爲推行、藉此產生具有創新解決方案的途徑。國際知名的設計顧問公司 IDEO 即是以設計思考法爲其解決複雜問題並提出創新的設計方案的主要推動者，總裁 David Kelley 更在史丹佛大學創立了著名的 d.school（Hasso Plattner Institute of Design at Stanford），將設計思考視爲企業培育創新人才的主要關鍵。

設計思考的執行主要分爲五個步驟，透過這五個步驟中不同的方法與技巧，可以完整的解析與建構問題，讓人們產生許多具有創意的想法，最後選擇正確的解決方案。以下簡述五個步驟：

1. 運用同理心（Empathize）

也就是以使用者爲中心，讓設計師能從使用者的角度來探討問題與需求，例如現地調查、訪談、問卷、民族誌等，而非僅限於自身的角度出發。

2. 定義需求（Define）

搜集到來自使用者的資訊以後，必須將其轉化爲有聚焦度的可用訊息。其目標在於提出具有意義且可讓設計師得以持續前進的問題描述，也就是整理出使用者需求與洞悉的觀點（Point of view, POV）。

3. 發想創意（Ideate）

這是一個發散的步驟，著重於概念的產出。創新的提案可來自於腦力激盪、心智圖的展開或其他產生概念的思考工具。這個步驟的精神主要在於先激發點子，然後再以團隊進行篩選與評估。

4. 製作原型（Prototype）

解決方案的不確定性會在概念的收斂中出現，因此，必須透原型的製作，讓發想的創意具體化，也使得解決方案可以更明確。原型可說是凝聚團隊內部共識或是與使用者溝通的重要工具。

5. 進行測試（Test）

這是一個與使用者溝通設計解決方案的重要步驟，透過情境模擬與操作，可以從中觀察使用者的狀況與回應，了解使用者是否接受，藉此修正解決方案、甚至重新定義需求，與加深對於使用者的了解。

基於設計思考的精神，IDEO 依據他們在執行不同專案的屬性，在 2003 年提出了針對使用者進行研究調查的方法：IDEO Method Cards，共整合了 51 個啓發創新思考的使用者研究法，並以一卡一方法的方式加以呈現。

▲ 圖 1-22　IDEO Method Cards

方法卡片的兩面分別爲文字說明以及代表性的圖片，說明的部分會先描述方法的內容，並加註 IDEO 是如何使用於該公司的專案之中。簡述這四個類型的方法有 12 個學習、11 個觀察、14 個提問、14 個嘗試。

Learn: Analyze the information you've collected to identify patterns and insights.	**Look:** Observe people to discover what they do rather than what they say they do.	**Ask:** Enlist people's participation to elicit information relevant to your project.	**Try:** Create simulations to help empathize with people and to evaluate proposed designs.
Activity Analysis	A Day in the Life	Camera Journal	Behavior Sampling
Affinity Diagrams	Behavioral Archaeology	Card Sort	Be Your Customer
Anthropometric Analysis	Behavioral Mapping	Cognitive Maps	Bodystorming
Character Profiles	Fly on the Wall	Collage	Empathy Tools
Cognitive Task Analysis	Guided Tours	Conceptual Landscape	Experience Prototype
Competitive Product Survey	Personal Inventory	Cultural Probes	Informance
Cross-Cultural Comparisons	Rapid Ethnography	Draw the Experience	Paper Prototyping
Error Analysis	Shadowing	Extreme User Interviews	Predict Next Year's Headlines
Flow Analysis	Social Network Mapping	Five Whys?	Quick-and-Dirty Prototyping
Historical Analysis	Still-Photo Survey	Foreign Correspondents	Role-Playing
Long-Range Forecasts	Time-Lapse Video	Narration	Scale Modeling
Secondary Research		Surveys & Questionnaires	Scenarios
		Unfocus Group	Scenario Testing
		Word-Concept Association	Try it Yourself

一、學習（Learn）

通常會用在研究階段的起始，也就是說研究者在走出研究室之前，必須要先針對所欲調查課題的相關資訊，例如競爭產品調查、系統流程分析等；或使用者的特性，例如背景文化分析、使用者活動任務或操作流程分析等，做足功課。研究者通常藉由文獻、報導等手邊可以取得的資料進行歸納與分析對欲研究的主題進行了解。

二、觀察（Look）

這個階段的核心在於「觀察」與「發現」人們做什麼而不是他們說什麼，這是非常重要的觀念。我們要看的是使用者面對產品或系統的眞實樣貌。觀察方式包含使用攝影機或是其他的紀錄工具，在盡可能不干擾使用者的狀況下紀錄使用者的行爲或習慣。當然觀察者必須預先設定情境或是使用者執行的任務，而非漫無目的的觀看。如此才能發掘潛在的問題與需求。

三、提問（Ask）

該是讓使用者說說話的時候了。每一個使用者都可以表達他們的意見以及過去的經驗，同時說出他們的期望。同樣的，這個階段必須使用適當的工具讓他們暢所欲言。例如使用問卷或訪談的方式與讓使用者陳述他們的看法，或是運用紀錄工具組，例如相機、卡片等，讓使用者在自然的狀態下表述他們的觀感。而這個階段的目的也在引導使用者說出問題與需求。

四、嘗試（Try）

設計師容易產生的問題是僅從自身的角度出發做設計，也就是缺少了「同理心」。所以這個階段的目的在於建構適當的情境來模擬設計師的想法，並進而評估其所提出的設計是否符合使用者研究的結果。本階段稱之爲「研發者的體驗之旅」，使用精緻程度不等的體驗原型（Prototyping）或是設定能夠模擬眞實情境的環境讓設計師以自身的行爲去嘗試可能的結果。除了設計師以外，IDEO 也強調專案客戶的參與，也就是說，讓客戶自己來扮演使用者，轉換自己的身分親身體驗，將更容易對設計的結果產生共識。

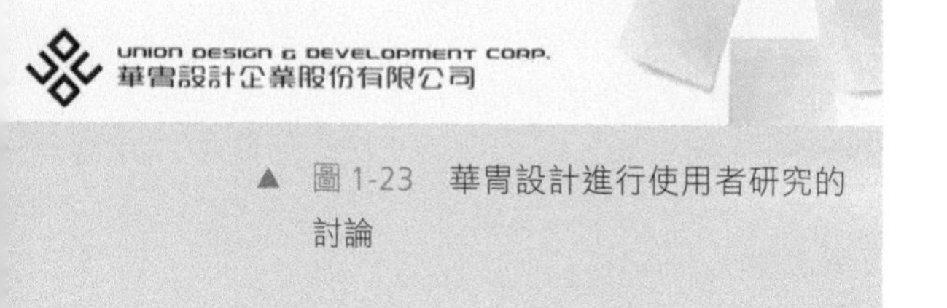

▲ 圖 1-23 華冑設計進行使用者研究的討論

IDEO 表示設計是一個極為注重人性的過程，因此必須認清市場、客戶、技術以及問題本身的限制，從而觀察使用者的實際生活狀況並找出眞正引發這些狀況的原因，再將全新的概念視覺化模擬出未來產品的樣貌，最後在短時間內不斷重複評估和改進原型，才能讓新概念商品化並上市。

梁又照教授所帶領的華冑設計企業股份有限公司，如圖 1-23。其所提出的「以使用者爲導向的創新設計方法」，便是透過著重於情境預演之形式，定義創新產品或服務發展初期之主軸與定位，並著眼於使用者的立場，釐清使用者思維與生活之特質，進而驗證設計產品或服務之概念與目標（華冑設計企業股份有限公司，2008）。

「使用者導向之創新設計方法」乃藉由情境劇本故事法與體驗設計方法之概念，將步驟區分爲三大階段，分別爲產品策略及市場定位分析（Strategy Mapping and Positioning）、社會經濟與科技等宏觀情境影響因素分析（Society, Economy, Technology, SET），以及產品機會缺口定義（Product Opportunity Gaps, POG）。

科技 TECHNOLOGY

資訊同步
資訊同步化、內容系統整合

互動體感設計
自然、人機、影像各種互動方式

情境體驗設計
透過投影效果，營造情境體驗

社會 SOCIAL

縮短時間
輕鬆、愉快的等待與服務

以客為尊
微笑、情感、服務、回饋

互動情境體驗
視覺與聽覺的互動體驗

經濟 ECONOMIC

操作流程
簡化超作流程

跨業界的整合行銷
媒體、產業、文化的整合設計與行銷

環保回收識別證
減少成本、重複使用

▲ 圖 1-24　藉由 SET 導引出 POG 的實例

如圖 1-24 爲應用 SET 進行展開的實例，第一階段爲競爭目標之調查分析，瞭解其優勢與特色，以建立產品設計架構之參考；第二階段則是針對廣大的環境背景，進行產品或服務設計之構思與考量，以確保其規劃的願景與前瞻性；而概念研發與整合之後，再著手檢視產品機會點與社會生活、趨勢之研究與確認，也就是第三階段所應達成之目標；透過上述三大流程，方可比較成本與技術之取捨，以完成產品或服務實體化之模擬與測試，達到設計溝通共識，並產生企業創新之價值。已下針對「使用者導向之創新設計方法」的七個步驟進行說明，如圖 1-25。

▲ 圖 1-25 使用者導向之創新設計方法步驟

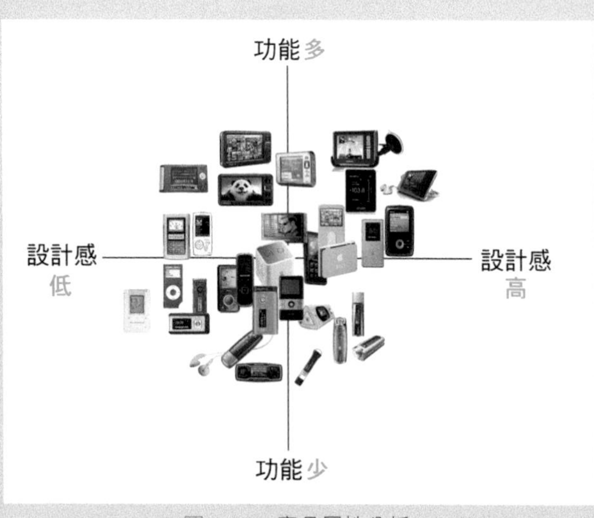

▲ 圖 1-26 產品屬性分析

1. 了解現況

首先必須進行相關產品的分析，如圖 1-26，包含使用競爭產品分析（Competitor product analysis）進行比較、產品定性（Attribute mapping）與定位（Positioning）分析，以及應用宏觀情境（Macro S.E.T.）瞭解市場的影響因素。

2. 情境觀察

針對產品的實際使用情境（Scenario）進行行爲觀察，此已是使用者行爲研究中最普遍應用的方法。藉此可以發現產品使用時研發者或設計師無法預知的問題。

3. 角色特性

所有產品的開發必須考量目標使用族群，因此必須設定具代表性的產品潛在使用者角色（Character profile），內容包含使用者的基本背景資料以及角色的人物特性，例如興趣、態度、背景等，以對應產品可能的目標族群之特質。

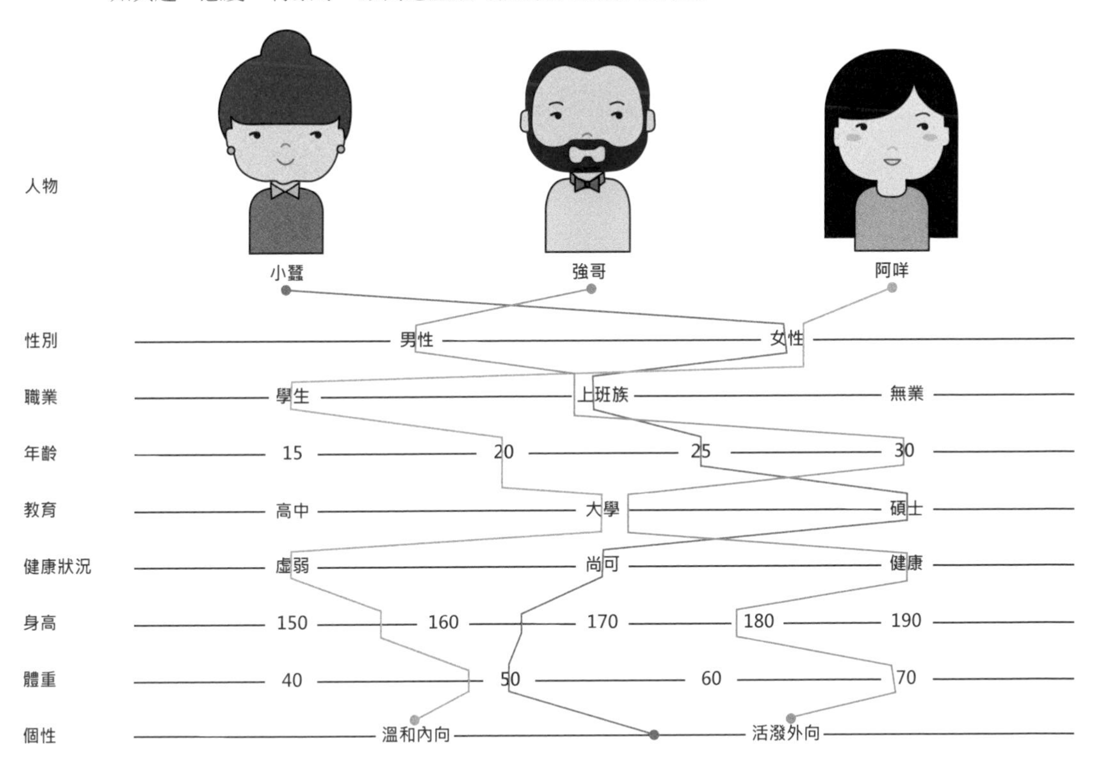

▲ 圖 1-27　設定產品的代表性使用者角色人物

4. 使用者的動作行為

不同的使用者有相異的特質，在面對產品時自然會有不同的操作行爲，因此必須預想使用者會以什麼方式與產品互動。

5. 情境描述

依據使用者的角色與行爲預想使用的情境。這個部分的重點在於導引出產品在特定的情境將如何被使用，因此必須依據各使用者設定對應的產品互動的情境，並盡可能涵蓋可能遇到的問題，如圖 1-28 使用情境故事板進行描述。

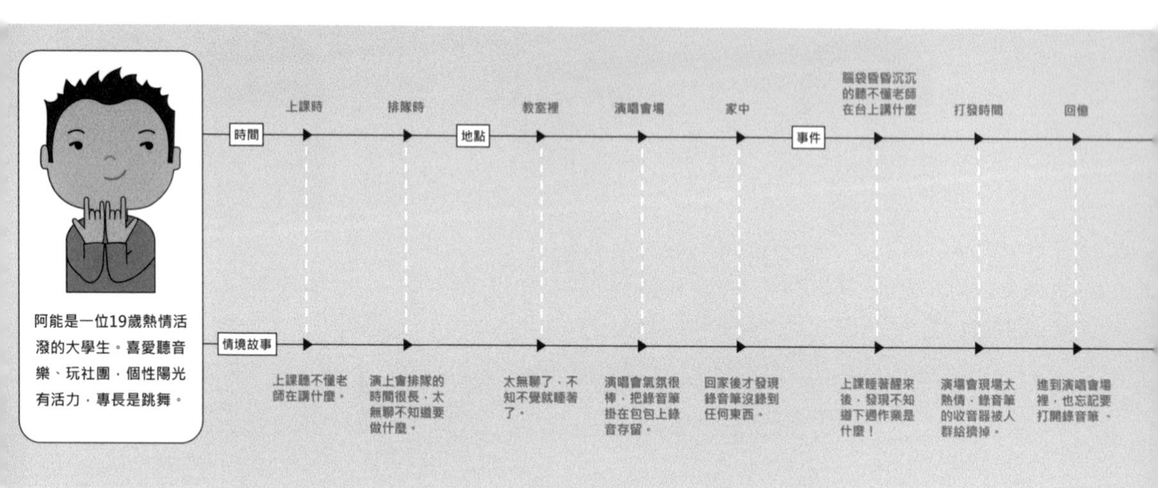

▲ 圖 1-28　使用者情境故事板

6. 謹記未來

創新產品設計著重引導出未知的使用者需求，因此必須秉持著前瞻的思維而非僅止於現有產品的修改。故掌握企業未來的走向，預想創新產品未來扮演的角色，才能精準掌握市場先機。

7. 評估

產品的上市代表著即將開啓完整的行銷與通路體系，以及大量的人力、物力的投入。因此，必須在開發的階段針對產品原型進行使用者評估，如圖 1-29，而這也是 IDEO 產品開發過程中所著重儘早導入並修正問題的重要階段。

▲ 圖 1-29　產品上市前可應用原型進行評估與測試

能夠提出足夠的使用者研究結果來加以佐證，似乎更是一個說服他人的務實做法。謹記對於使用者具有「同理心」才是做好設計的不二法則。就現況來說，目前業界所聘任的使用者經驗設計師（UX/UE designer）究其工作性質大概會分成以下這三種類別：

一、使用者研究（User research）

這類的工作主要在搜集產品相關的研究資料，與行銷企劃部門訂定產品策略；或進行田野調查與探究使用者行為，以蒐集使用者需求資訊；許多企業中這類的工作也會在產品開發的過程協助進行使用者測試與撰寫相關報告。

二、資訊架構師（Information architect）

通常這類型的工作會在網頁或行動應用程式企劃的公司內，資訊架構師的工作即是依據研究、企劃或客戶所提供的產品訂定產品的架構，包含產品與其相關領域的服務流程，以及介面的資訊架構等，許多也包含了介面的原型（Prototyping）設計。有些資訊架構師也會需要同時進行部分的研究或是擔任介面設計（UI designer）工作。

三、GUI 設計（Graphic user interface design）

或稱 UI designer，許多公司稱之為網頁設計師或者美術設計等職稱，主要的工作即是 GUI 設計。雖然如此，多數小公司會將資訊架構師與 GUI 設計師視為同一份工作，有些主要產品為網站的公司，更可能會要求設計師編寫前端的網頁語言。

國內在業界推動使用者經驗觀念與實務的相關團體／會議／社群有社團法人臺灣使用者經驗設計協會的 UiGathering、悠識數位的 HPX，以及臺灣互動設計協會的 IXDA 等，學界在設計、人因、資訊與傳播等各專業領域也不定期舉辦以使用者經驗為主軸的研討會，當然國際社會舉辦的相關研討會更不在少數，對於想投入使用者經驗的學子都是很好的吸收知識的管道。

互動設計 VS. 人機介面：與電腦的對話

Part
2

Chapter 2

人機介面的人因基礎

2-1 人機系統基本概念

人機互動（Human-Computer Interaction, HCI）一詞於 1980 中期開始被採用，其涵蓋的範圍非僅止於介面的設計，更包含了一門電腦與使用者之間的互動關係。其他亦有稱之爲 CHI（Computer-Human Interaction）、MMI（Man-Machine Interaction）與 HMI（Human-Machine Interaction），然相較於後三者，HCI 在介面發展的意義上更能彰顯人與電腦之間的主從關係，以及技術應用上的範疇，因此在目前最爲普遍使用。

人機介面（Human-Computer Interface, HCI）是以使用者爲中心（User centered）的模式，說明如何設計出具安全、有效率、容易操作且令人愉快的系統。其中「人」所指的是使用者；「機」即是產品；而「介面」則是「人」與「機」之間溝通與互動的媒介，並以輸入和輸出的形式存在著。使用者對產品下達指令或是產品發出回饋訊息給使用者，都是透過介面來傳遞，因此介面可以說是使用者與產品互動的中介平臺，是使用者操作產品時的重要關鍵。

而人機互動指的便是「藉由設計、評估和執行來提供人們使用的電腦互動系統，研究包含相關的各種現象與情境」（ACM SIGCHI, 1992）。這是一個結合電腦科學和認知工程（Cognitive Engineering）的跨領域研究，發展出理想且方便的使用者介面設計。然而目前的人機互動，大多探討有效率、簡單、易於學習的互動介面系統，讓使用者能主動參與並感到愉快，繼而建立人、介面和機器溝通的橋樑。

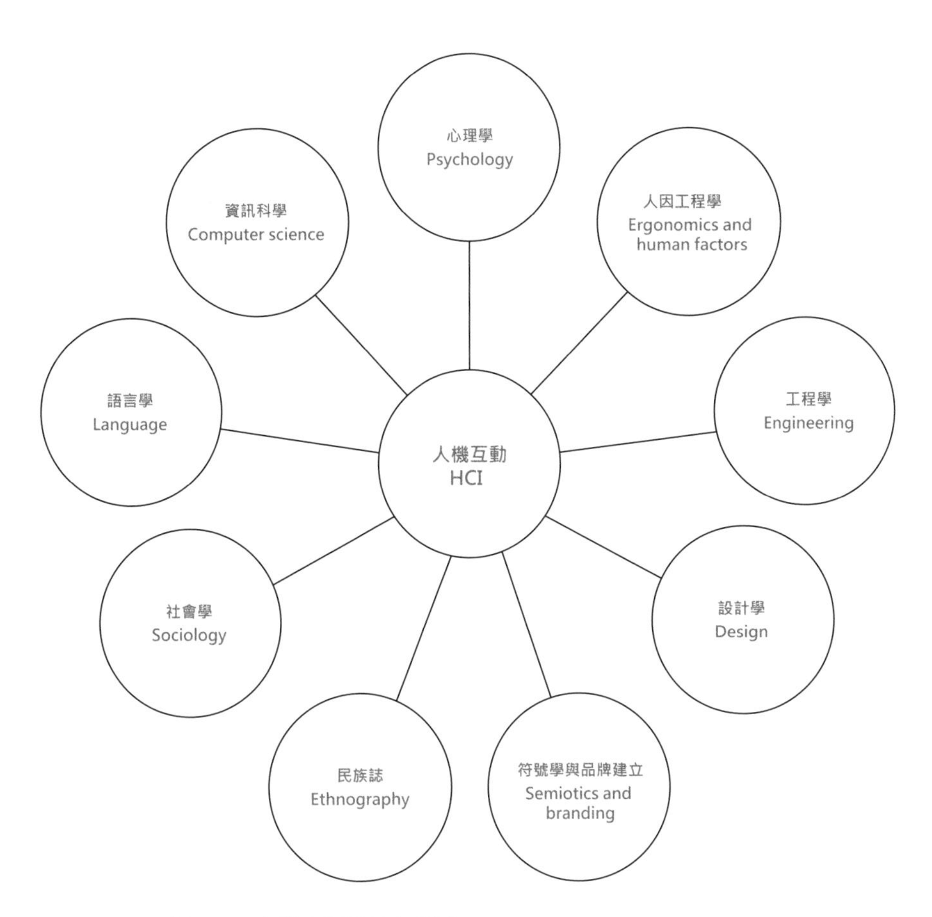

▲ 圖 2-1　人機介面涵蓋之領域

由於人機互動的本質在於探索使用者處理訊息（Information Processing）的過程，因此認知心理學（Cognitive Psychology）於 1950 年間被導入人機互動領域來協助改善電腦系統設計。其主要的幫助有以下三點：（1）判斷使用者是否有能力完成工作；（2）識別並解釋使用者所遭遇到的問題原因；（3）提供模式化工具（Modeling Tools）以協助建立更相容的介面（梁朝雲、余能豪，2002）。除此之外，人機互動所涵蓋的領域包括電腦科學（Computer Science）、人體工學（Ergonomics）、人因工程（Human Factors Engineering）以及社會學（Sociology）等相關學科，如圖 2-1。

1986年桑德斯與麥考密克（Sanders & McCormick）於《人因工程導讀》（Human Factors in Engineering and Design）一書中指出凡是涉及到人與機器的運作即稱爲人機系統（Man-Machine System），其差異只在於系統的簡單與複雜程度而已。從最簡單的工具使用，例如鐵鎚、扳手，到較爲複雜的駕駛車輛、操作吸塵器或影印機，以至於最精密的飛機駕駛儀表板或核電廠的控制，都涉及了有形與無形的人機系統設計。

在本質上，使用者在涉入人機系統中應是站在主動（Active）的一方，透過與機器的互動以滿足系統所給予的功能。如圖2-2，在人機系統中感知了系統顯示的刺激物來源（Stimuli），接著驅動了使用者的大腦進行訊息處理與決策，並產生了某種程度的動作回應，如藉由控制單元進行機器的操作。就以大家所熟知的任天堂Wii來說明，在玩遊戲的過程中，Wii透過顯示器傳遞遊戲內容，遊戲者透過眼睛感知遊戲中角色扮演的狀態，再經過大腦的訊息處理來決定使用Wii Remote進行遊戲的動作姿勢。

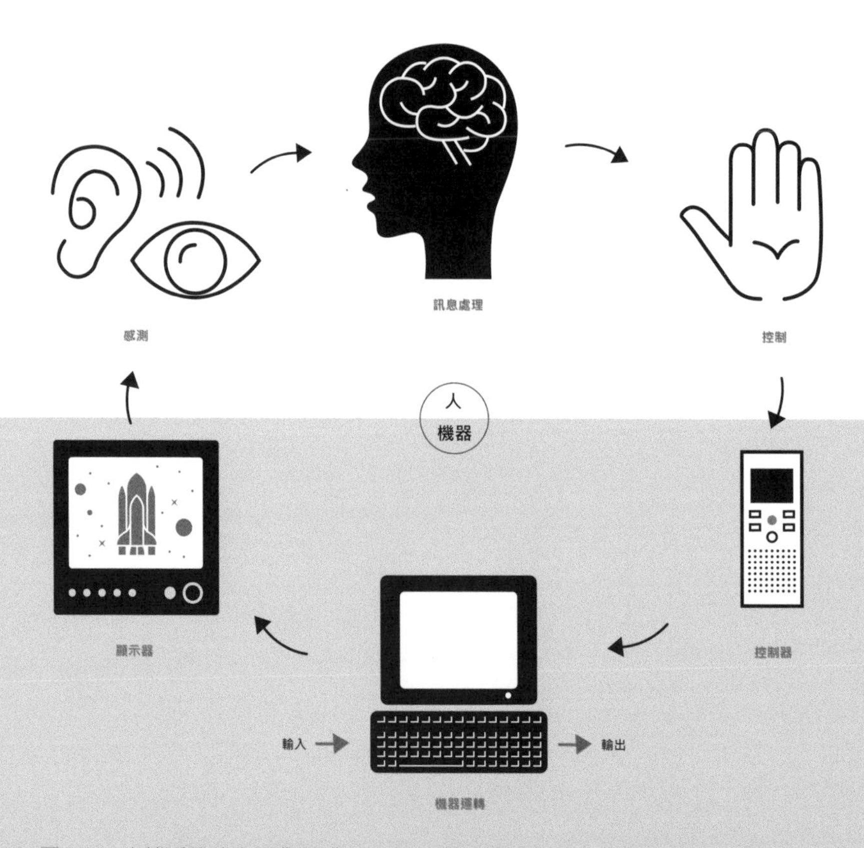

▲ 圖2-2　人機系統的交互作用（Chapanis,1976）

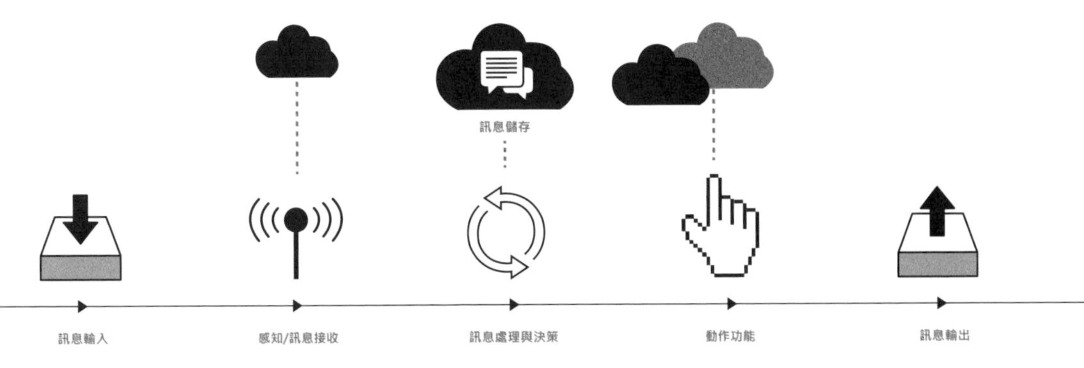

▲ 圖 2-3　人機系統的運作過程與其功能（Sanders & McCormick,1986）

一、感知 / 訊息接收（Sensing; Information Receiving）

指外部訊息進到系統內，例如：飛機進入了塔臺所控制的區域、產品的訂購指令，或是觸動火災警報器運作的熱能等。此外，有些訊息則是原先就存在於系統中，即來自於系統運作過程中的回饋，如踩下汽車油門後，儀表板上的時速會自動增加。

二、訊息儲存（Information Storage）

指系統在訊息處理過程中對於所獲得並加以記憶的部分。訊息可以儲存在各種形式的媒體中，且大部分的訊息必須要使用編碼或是符號儲存，以供日後需要的時候來存取。

三、訊息處理與決策（Information Processing & Decision）

訊息處理的內容包含了感知元件所接收到的，以及已儲存於系統中的部分。而只要使用者處於訊息處理的過程中，無論訊息本身是簡單或複雜的，都必須產生決策行爲，即使最終的決策是不針對訊息亦然。在任何的電腦或產品系統中，訊息的處理必須以能夠讓使用者容易理解爲前提的方式，例如：齒輪組合、線組或槓桿加以編程。

四、動作功能（Action Functions）

這裡指的動作便是決策完成之後使用者所採取的行動。基本上這會產生兩種作用：一爲實體的控制（Physical Control），如明確的操作控制機構包含抓握、移動、調整物件等；另一則爲溝通（Communication），例如用聲音、訊號或其他方式。

由上可以得知，人機系統的運作過程中最主要的部分在於人的大腦如何處理所接收到的訊息。有關於訊息的處理在過去有許多研究提出模型加以解釋（Brobent,1958,Harber&Hershensen,1980,Sanders,1983,Welford, 1976），其中一個被許多學者所引用與認識的是魏肯斯（Wickens）於 1984 年所提出的，其內容主要說明人在處理訊息的階段與構成的要素，以及之間的假設性關係。由圖 2-4 可以得知構成要素包含了知覺、記憶、決策與注意力來源，也就是人的認知過程，因此，下一節將針對人的認知與心智模型加以說明。

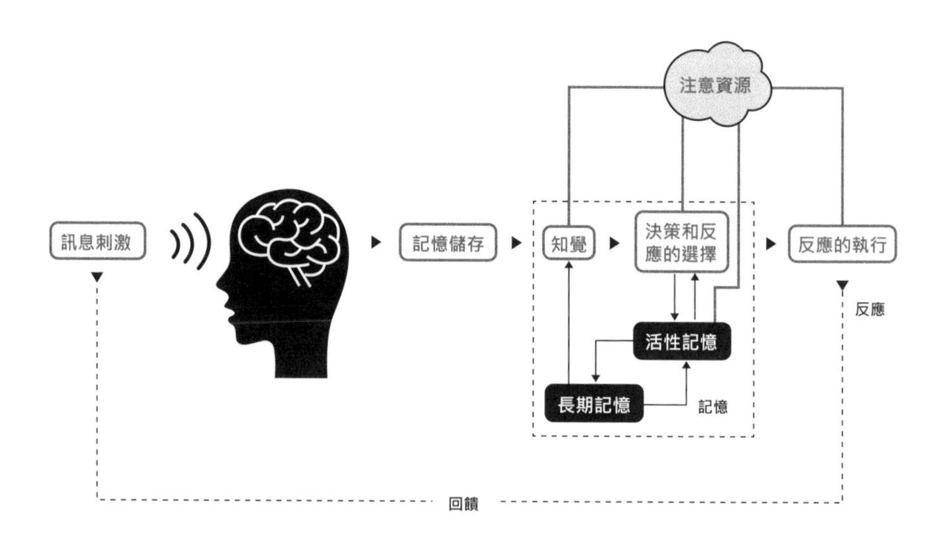

▲ 圖 2-4　人的訊息處理模型（Wickens,1984）

2-2
人的認知過程與介面設計

▲ 圖 2-5　認知過程涵蓋的活動

每個人在日常生活中所做的每一件事，小至從桌面上拿起一支筆，大至安排一天的行程，大腦都在執行「認知」這個工作。也就是說，認知包含了處理問題過程中的知覺、理解、思考與執行。認知的過程則涵蓋了思考、記憶、學習、做白日夢、決策、觀察、閱讀、寫作及說話等不同類型的活動（Preece,Rogers& Sharp, 2002）。

認知是獲得知識以及透過想法、經驗與感官進行理解過程的心智活動。認知包含了知識、注意、長期記憶與短期記憶、判斷與評估、推理與運算、問題解決與決策、理解並產生語言的整個過程。人的認知兼具有意識與無意識的、具體與抽象的、以及直覺的（語言的知識）與概念的（語言的模式）部分。故認知過程是使用現有的知識來產生新的知識。

諾曼（Norman, 1993）則將認知分爲不同的層次，一是指人們對於週遭事物進行有效能的接收、行動及反應的程序，需要一定程度的程序與知識，稱之爲體驗的認知（Experiential cognition），例如開車、閱讀、與人交談或玩電腦遊戲。另一則是指包含思考、比較與決策這種會引導出新點子與創意的認知，稱之爲反思的認知（Reflective cognition），例如訂定計劃或設計新事物，學習與寫作等需要更深度的認知內容與過程。

無論是何種層次的認知，都必須要透過一定的程序加以完成。以下針對其中最主要的部分包含知覺（Perception）、注意（Attention）、記憶（Memory）、學習（Learning）、語言（聽、說、讀）以及深層認知（問題解決、計劃、推理與決策）進行討論（Preece,Rogers&Sharp, 2002）。這程序很少是獨立存在的，而是有著相互依存的關係。例如在一個會議上做簡報，必須用眼睛和耳朵觀察聽衆，回憶準備好的內容，記下提問加以理解，並決定用何種方式與語言進行回饋與溝通。

1. 知覺（Perception）

意指資訊如何從環境中被取得。經由感官，如眼、耳、手指轉化成物體、事件、聲音及味道相關的經驗（Roth 1986）。如以圖 2-6 這張著名的鴨兔圖來說明，你「看」到的是鴨？還是兔？還是兩個都有？透過視覺，你注意到圖像上的特徵，而這些特徵會在你的大腦中進行分析，搜尋短期與長期記憶中的內容，最後再做出牠到底是鴨還是兔的決定。如果今天加入一個「呱呱」的聲音提示，也就是說，你「聽」到了一個左右你決策的參考值，那麼結果可能改變了你原先的認知。因此，知覺就是認知的第一道關卡，將影響整個過程的決策。

若以知覺的原理來考量各媒介所呈現的訊息，使其易於接收與了解，在設計上有以下幾個重點：

- **圖像與圖形的呈現必須能迅速明白其意義。**
- **聲音必須容易聽見，且分辨率高，同時容易了解其意義。**
- **文字必須容易閱讀，並與背景做明顯的區分。**
- **觸覺回饋必須容易辨別不同的目標物。**

舉例來說，當你在設計一個接聽與掛斷電話的圖像時，你會採用圖 2-7a 的方式還是圖 2-7b 的方式呢？兩者圖示設計上的理由如下：a 圖用具體的電話造型以及箭頭指示其意義，再加上文字說明力求萬無一失；b 圖只用了單純接聽與掛斷電話的話筒角度做圖像設計，以意義的表徵來簡要說明。這裡可以明顯的看出來，簡要的視覺設計可快速且清楚地表達其意，但圖像設計也必須符合大眾使用者所能理解與認識。

▲ 圖 2-6　鴨兔圖

▲ 圖 2-7a　說明細節的圖像設計

▲ 圖 2-7b　說明意義的圖像設計

2. 注意（Attention）

意指在一個特定的時間點上，人們對於某些事物採取不同程度的關注。注意的來源包含聽覺與視覺所傳遞的訊息。而注意的過程也會有難易程度的差別，其取決於使用者是否有明確的目標、訊息於介面中是否明確的提供。圖 2-8a 和 b 都是大眾熟悉的入口網站，兩個完全不同設計理念的首頁各有各的使用者需求，連帶的期望使用者注意的目標物自然也就跟著區分開來。圖 2-8a 的 Yahoo! 較偏向於商業網站的概念，提供了多樣的注意來源給使用者來選擇。圖 2-8b 的 Google 則明確的透過單一的注意來源，即 Google 圖示與搜尋輸入欄表達他的意圖：我是搜尋引擎！

因此，設計注意來源時，自然就必須依照使用者的目的來決定，以下幾個重點提示：

- **訊息提示必需清晰明顯。**
- **擅用視覺技巧，如動態圖形、色彩、底線、順序排列、空白間隔等。**
- **避免在單一介面上聚集過多的訊息，特別是色彩、聲音及圖像的使用。**
- **簡單明瞭的介面較易於使用，過於複雜會造成使用者分心或干擾其注意程度。**

▲ 圖 2-8a　Yahoo! 的網站首頁

▲ 圖 2-8b　Google 的網站首頁

編碼
Encoding

儲存
Storage

▼

取用
Retrieval

▲ 圖 2-9　記憶的三個主要的階段

3. 記憶（Memory）

意指使用者回憶許多不同種類的知識，使其採取適當的行動。如果沒有了記憶，將無法執行日常生活中簡單的工作。然而，大腦無法記憶所有看到、聽到、嚐到、聞到或碰到的事物，因此，會使用一個過濾程序，決定哪些資訊要被處理與記憶，不過，這個過濾的過程也常出現問題，例如該被記得的事情忘記了。因此，編碼（Encoding）會先執行以過濾與決定訊息要如何解讀與處理，如圖 2-9 說明記憶的三個主要階段。而這編碼的動作所執行的程度，就會影響人們回憶起這些訊息的能力。事物若越被專注與思索，就越容易被記住，留存到大腦中的儲存區域。因此，訊息如何被處理，會大大的影響其在記憶中呈現以及日後被取用的方式。

此外，訊息內容的編碼方式也會影響記憶。若能以理解取代回憶，訊息便容易被喚起。人類是視覺爲主的動物，在過去的電腦採用微軟 DOS 系統時需要去牢記許多的指令，如圖 2-10a，以至於讓人們認爲電腦的使用是困難與專業導向的。然而，現今的視窗介面讓人不需記憶專門的指令術語，如圖 2-10b，而直接轉化爲日常生活大部分的人都可使用的工具。這「指令」與「視窗」之間的差別，正說明了編碼程度對於記憶的影響。

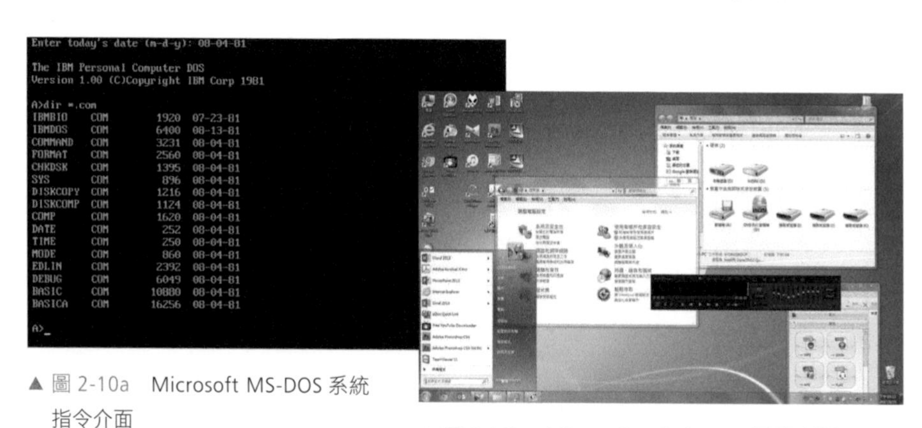

▲ 圖 2-10a　Microsoft MS-DOS 系統指令介面

▲ 圖 2-10b　Microsoft Windows 7 視窗介面

人腦非電腦，大腦的記憶容量是有限的。因此，在設計的考量上必須注意以下的要點：

- 程序繁複的工作中，切莫讓使用者的記憶形成太大的負擔。
- 設計介面時盡可能讓使用者運用「理解」的能力，而非「回憶」的能力。如圖 2-11 是一個很好的例子。多年前國內在二胎房貸盛行的時期，就有某家銀行以搜尋引擎鍵入「第二月臺」關鍵字的方式行銷其專案，透過強而有力且容易理解的關鍵字，讓使用者容易理解與記憶專案的特性進而達到行銷的目的。
- 提供使用者多個編碼的方式協助記憶，例如位置、色彩或其他標記的方法。

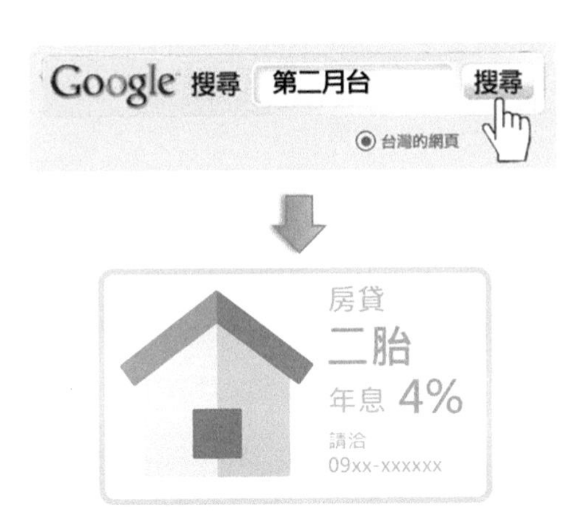

▲ 圖 2-11　容易記憶的行銷案例

4. 學習（Learning）

▲ 圖 2-12　Microsoft Office 的『小幫手』

此學習意指所設計的介面需培養讓使用者能使用電腦的技能。過去的研究（Carroll, 1990）指出，一般人很難透過閱讀操作手冊進行學習，取而代之的是偏好「邊做邊學」的方式。在這一方面，圖形使用者介面（Graphic User Interface, GUI）便提供極佳的探索式互動學習方式。此外，初學者（Novice）與有經驗的（Expert）使用者在介面學習上也具有不同的能力，不同的介面都應能顧及不同程度使用者的學習曲線與需求。以軟體所提供的學習輔助來舉例，對於初學者來說經常使用到的是 Help 的功能，在過去 Microsoft 的 Office Word 提供了「小幫手」在一旁等待使用者的召喚。而對於有經驗的使用者來說，除了可以選擇關閉小幫手的功能，更能藉由快捷鍵，例如 Ctrl+S 代表存檔的學習使用來加速軟體的操作。

因此，在設計介面時應注意以下幾個學習性的原則：

- **設計能引起使用者探索介面的慾望。**
- **使用一些限制來引導使用者採取適當的動作。**
- **應用動態連結來適時的解釋一些較為抽象的概念。**

另外，擅用目前發展的互動科技，例如多媒體與實境技術，都可以藉由不同模式的雙向訊息來傳達來激發使用者對介面做更多的探索與使用。

5. 語言（聽、說、讀）

不同的語言形式具有相同與相異的屬性。無論採用何種形式，其所代表的意義都是相同的，例如「智慧型手機提供了人們隨處上網的可能」一詞，在聽、說、讀上意義都一樣。然而，聽、說、讀的容易程度卻會隨著每個人而有差異，之間的差異在於：

（1） 文字記錄是永久的，聽覺傳達是暫時的。

（2） 閱讀的速度比聽或說來得快。

（3） 聽花費較少的認知過程。

（4） 文字形式的語言較有文法結構。

（5） 人們使用語言的能力與習慣有顯著差異。

（6） 有閱讀障礙的人，文字記錄也有理解上的困難。

（7） 語音的選單應最小化，人們很難同時記住超過三個指令。

（8） 人工發音較自然發音難以理解。

自然語言系統可說是近年來介面技術發展的重點。例如 Apple iOS 發展的 Voice Over 系統提供了語音提示介面讓視障者得以使用，其所普遍應用於行動裝置的 Siri 系統亦具備了辨識率極高的語音輸入，提供給不同需求與語言能力等級使用者極大的便利性。

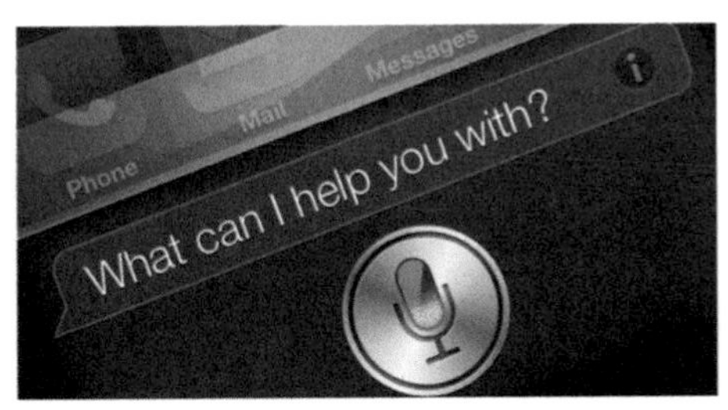

▲ 圖 2-13　Apple iOS 所提供的 VoiceOver 與 Siri 語音輸入功能

6. 深層認知（問題解決、計劃、推理與決策）

在此層次的認知是需要經過深思熟慮的，包含了思考要做什麼、有什麼意見、執行動作後的結果爲何等。通常這些都會涉及知覺的過程，即會意識到自己在做什麼思考，也就是前述設計心理學家諾曼（Norman）提出的「反思的認知」。人們會進行何種形式的反思認知，取決於他們對於一個領域的應用層面，或是所掌握的技術的能力。就拿駕駛人使用車內的衛星導航系統進行尋找路徑，並依其指示到達目的地爲一個問題解決的過程來說明，如圖 2-14：駕駛人雖然使用的是依靠現有的系統協助其進行路徑規劃，但在輸入目的地與相關資料的過程中，他必須具備有使用輸入法鍵入文字的能力，同時計畫與判斷如何回應畫面給予的提示與回饋。系統提出路徑規劃的建議後，駕駛人尚須針對其進行推理，判斷是否與預期相符合，再決定做出是否遵照其指示的駕駛行爲。而思考與決定如何執行這些任務，依駕駛熟稔度與系統使用經驗，都會有不同的認知過程，以至於影響最後的結果。

了解了認知的程序與相關的構成要件後，接下來要來進行討論的是此過程運用到介面設計上的關聯性。下一節要談的心智模型就是介面設計上一定需要知道的認知觀點。

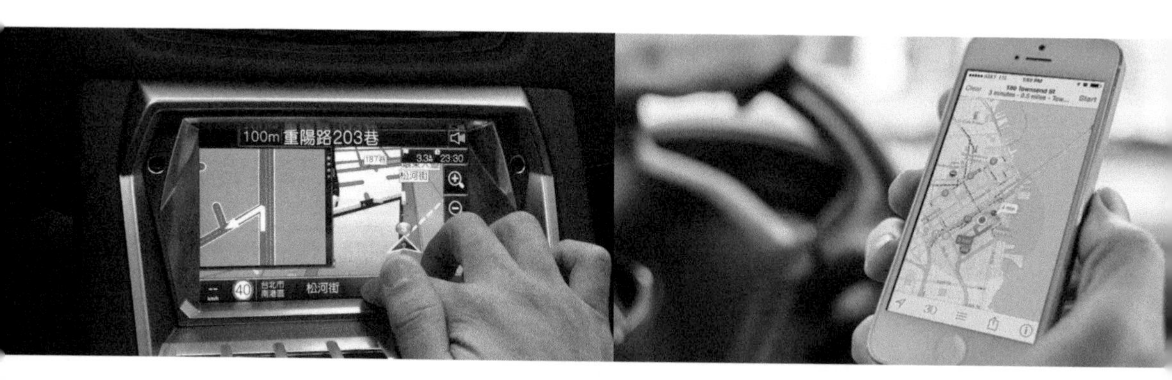

▲ 圖 2-14　衛星導航操作

2-3 心智模型與介面設計

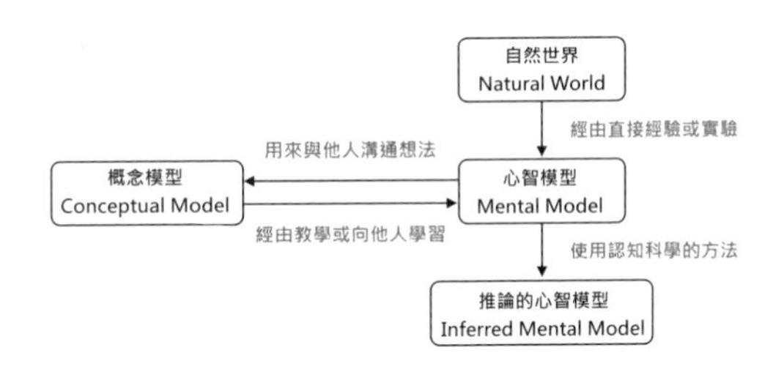

▲ 圖 2-15　心智模型的運作

心智模型（Mental model）一詞起源於 1943 年，由蘇格蘭心理學家克雷克（K.J.W.Craik）所提出，其概念爲「人類根據過往累積之經驗，預測事物之表徵，以進行適當或安全之回應」。詹森雷爾（Johnson-Laird,1983）認爲，心智模型是一種人類描述並解決問題所歷經的過程，並認爲心智模型爲人類用以解釋或預測事物之模式，爲人類認知系統的基本結構之一；諾曼（Norman, 1983）亦提出，心智模型乃個體接觸外在事物之後，所形成之知識結構；概括而言，心智模型即是人類理解事物、現象或操作過程時，心裡所產生之模型化概念，故與人類直覺性之理解、常識與經驗皆有密切之關聯性（胡祖武，1997）。

一個成功的系統，是基於概念模型（Conceptual model），讓使用者能夠快速的學會系統操作，並有效率的使用它。人們在學習並使用系統的同時，也在培養「如何使用這個系統」的知識，並稍微了解到系統如何運作，此即爲使用者的心智模型。諾曼（Norman, 1983）也指出新系統的使用者會將過去的經驗帶入來建立系統的心智模型，故心智模型是自然發展出來的。當使用者在操作電腦或其他裝置時，設計師首要考量的就是使用者將會如何使用，並根據使用者的心智模型有組織地架構及設計整體使用流程。

在這裡我們來討論一下心智模型與外界整體的運作關係。如圖 2-15 說明了在自然世界的外在環境下，人們藉由生活中大大小小的經驗、探索與嘗試，累積了在某些面向的心智模型。在相關聯的特定時機下，人們會運用這些既有的心智模型來與外界的概念模型溝通，並在這個過程中進行學習與獲得參考的訊息，最後透過認知科學的運作原理產生重新推論的心智模型。心智模型就在這樣的過程中不斷的運用與重建。同樣的關係圖我們用以下這兩個例子來說明：

例一

相信每一個男生都有追求女生的經驗吧！過程中我們會從身邊的人或是經驗值上預想，送花正可以表明追求的意圖，即為既有的心智模型。基於這樣的想法，再去參考其他人的成功經驗，此為順利追求女生的概念模型，我們獲得了新的參考值，並預測送花加上接送的方式必可獲得芳心，成為推論的心智模型。

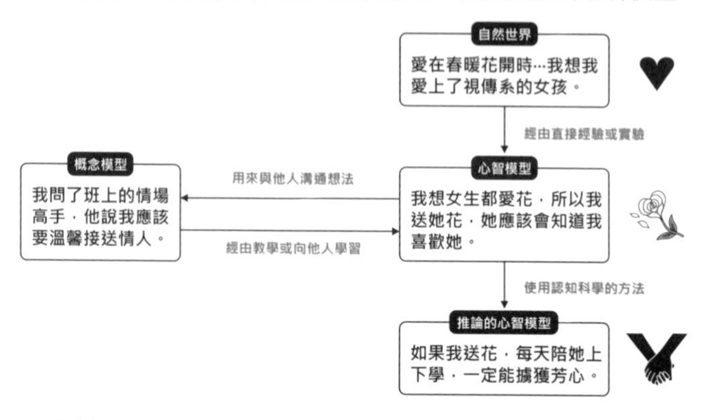

▲ 圖 2-16　案例一：心智模型的運作

例二

便利貼是每個人生活中協助隨手記下重要訊息的好幫手。那麼可以置放於電腦桌面上的數位便利貼應是如何設計呢？電腦桌面等同於書桌，即為既有的心智模型，所以數位便利貼也就要能像實體便利貼一樣可以隨時取用、隨意置放於電腦桌面上的任何地方，此為概念模型。因此，其介面設計也必須要做到如同在實體物件中的操作，成為推論的心智模型。

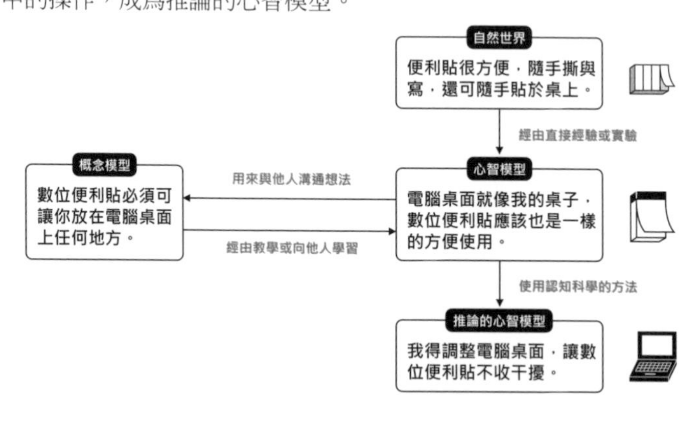

▲ 圖 2-17　案例二：心智模型的運作

認知心理學中，心智模型被視爲外在因素的觀念建構，以便於進行預測和推論（Craik,1943）。這個程序包含心智模型的「重整」和「運作」。因此，當使用者在面對一個人機系統的時候，他的心智模型就會發揮描述、解釋與預測的功能，描述目的與形式表現；解釋功能運作與意義；並預測最終狀態。

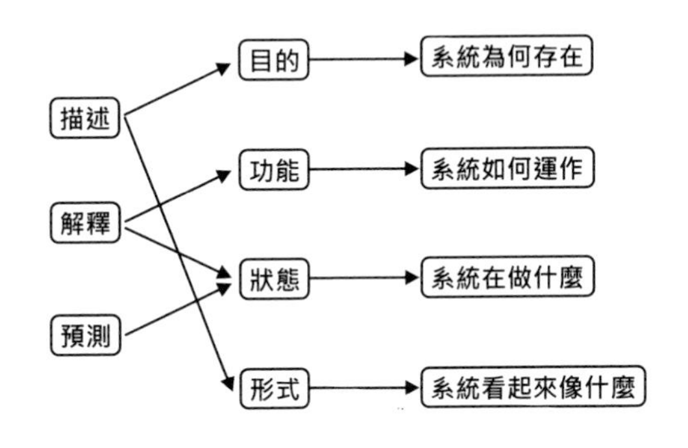

▲ 圖 2-18　心智模型的功能

心智模型的運作具有其功能性，然而，大家是否曾經有過這樣的經驗：「肚子餓極了，冷凍庫的 Pizza 拿出來，烤箱的溫度調高一點可以快點吃到熱騰騰的 Pizza⋯」、「文件打到一半還沒存檔，Word 突然停住了，只好瘋狂的點擊手掌下的滑鼠把它叫回來！」、「上課來不急了，怎麼電梯一直停留在 3 樓不動，再去多按幾下電梯的按鈕吧！」，理性下來思考一下這些狀況：

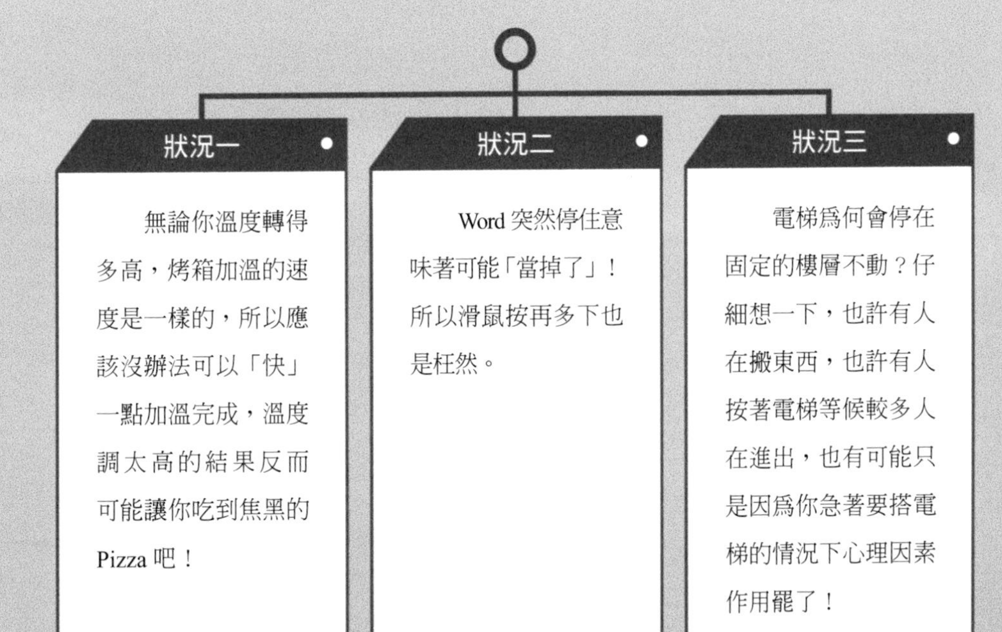

狀況一
無論你溫度轉得多高，烤箱加溫的速度是一樣的，所以應該沒辦法可以「快」一點加溫完成，溫度調太高的結果反而可能讓你吃到焦黑的 Pizza 吧！
狀況二
Word 突然停住意味著可能「當掉了」！所以滑鼠按再多下也是枉然。
狀況三
電梯爲何會停在固定的樓層不動？仔細想一下，也許有人在搬東西，也許有人按著電梯等候較多人在進出，也有可能只是因爲你急著要搭電梯的情況下心理因素作用罷了！

上面的例子可以說明，在某些狀況下，人們所採用的心智模型是事物可能適用的普遍價值論，亦即「愈多愈好」。人們對於事物的運作通常都會有一些抽象概念，並將其運作在許多其他事物上，且不論其是否適用。因此，心智模型有著以下值得關注的特性：

- 不完整性（Incomplete）人們對於現象所持有的心智模型大多是片段而不完整。
- 侷限性（Limited）人們執行心智模型的能力可能因爲外在或本身的影響受到限制。
- 不穩定性（Unstable）人們經常忘記所使用的心智模型細節，尤其在經過一段時間沒有使用之後更是如此。
- 不科學性（Unscientific）人們經常只採取他們所相信的模式，即使他們相信這些模式是非必要的。
- 簡約性（Parsimonious）人們會做一些透過心智規劃省去的動作。
- 無明確邊界（Boundaries）心智在運作時類似的機制經常會相互參照與混淆。

針對使用者在面對人機系統時的心智模型運作，以及設計師所發展的系統（介面）設計模型，諾曼（Norman, 1988）提出兩者的關係，並說明如何藉由系統印象加以連結。

一、設計模型（Design model）

又稱作爲概念模型（Conceptual model），是設計師心中所產生的產品概念，亦即設計師所認爲系統應該如何運作的方式。當設計師構築介面時是環繞在一個概念模型之上，這個概念模型應該得以控制整個系統的人機介面，適當的呈現設計的對象，而且理當是精確而具體、一致性和完整的。

二、使用者模型（User's model）

即是心智模型（Mental model）之意，是使用者與系統介面互動時，能夠產生與系統相對應的想法與假設，用以解釋目前系統情況及預測系統功能。介面設計是系統與使用者溝通的媒介，是人機互動的重要考慮層面，設計師必須確保所設計物以適切的方式詮釋系統之作用，才能在使用者心中對應出與設計師預期的心智模型，幫助使用者更快地掌握系統完成他們的工作。

三、系統印象（System image）

使用者與設計師之間的溝通在於系統本身，而使用者心智模型的建立則主要來自於系統印象。系統印象包括與使用者介面的互動、介面外觀、系統反應、說明文件與使用手冊等。使用者通常只能發展出系統部分的心智模型，而這部分的心智模型通常會被簡化或甚至扭曲。因此，設計師必須確定該產品各方面都與適當的心理模式一致，讓系統印象具有透明的（Transparent）、一致的（Coherent）與具支援性（Supportive）的特質。

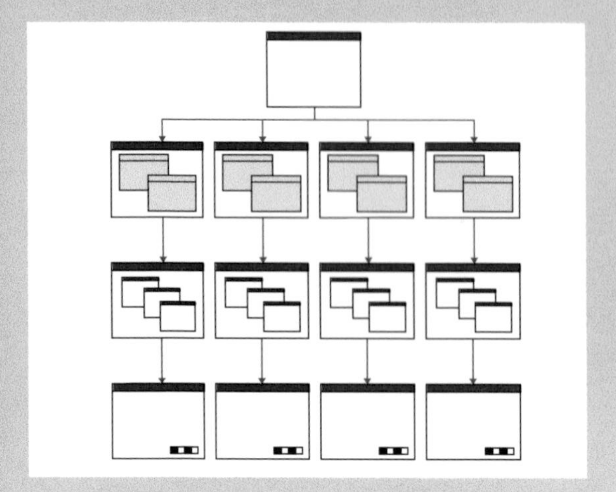

▲ 圖 2-19a　設計師精心設計安排整齊的資訊架構

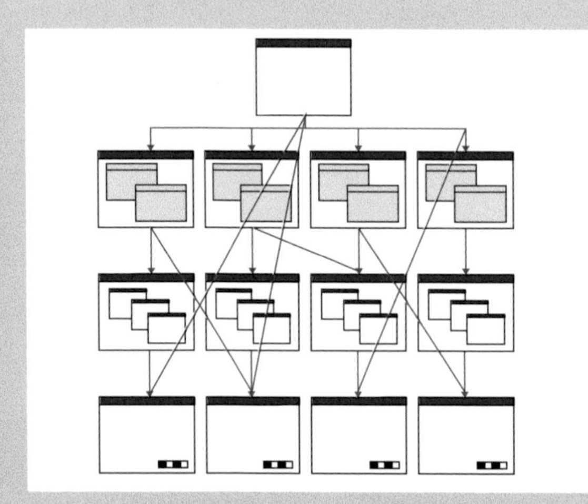

▲ 圖 2-19b　使用者可能感受到複雜的操作路徑

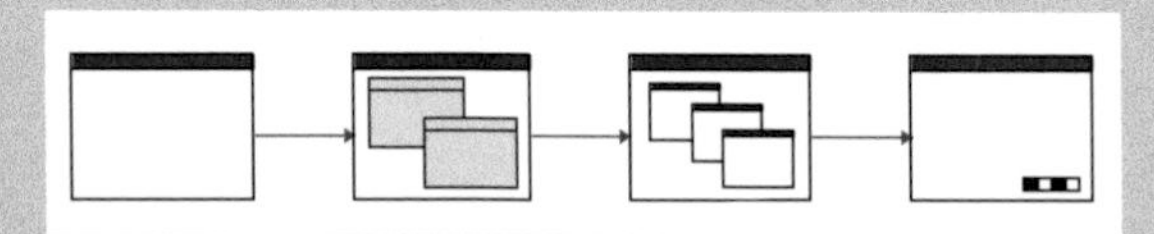

▲ 圖 2-19c　設計師要能真正給予使用者的是有用且清楚的操作步驟。

在網站設計的流程中，設計師的主要工作是要建構網站地圖（Sitemap）以確認整個網站設計的目的與資訊間的關聯性。然而，造訪網站的使用者經常會對資訊量眾多的網站產生疑惑與混亂，而必須進行嘗試與探索。設計師便需要透過許多的介面引導讓使用者能夠達成他們的目的，如圖 2-19c 即為使用者真正所期望的 Step-By-Step 的執行步驟。使用者如果能在一個互動系統中培養出較好的心智模型，就能有效率的運作系統。也就是說，使用者的心智模型要能和設計師對系統所提出的「概念模型」相互契合。此可以透過「使用手冊」以及系統「容易使用」的系統達成。

1. **使用者輸入時產生有用的回饋。**
2. **容易了解以及直覺化的互動方式。**
3. **明確而容易遵循的指示。**
4. **適當的線上說明及教學。**
5. **依據使用者的經驗層級做有脈絡的導覽，在他們不知道下一步如何做時予以解釋。**

良好的介面應具備以下特質

- 效率好、品質佳　使用者不必思考如何操作，容易預想操作的結果，且操作方式易於理解，同時沒有產生錯誤動作。
- 不必學習或容易學習　使用者不必預先學習如何操作，操作容易記憶。
- 學習之後不會忘記　使用者只要操作過後，其方法將成為經驗不易遺忘。
- 提升使用者的操作滿足感　使用者不會有不愉快的經驗，能夠安心的操作，進而產生滿足感。

亦即，良好的使用性（Usability）是介面設計的核心概念，下一章我們將針對尼爾森（Nielsen）在 1993 年提出的使用性工程，也就是介面設計專家學者奉為圭臬的相關知識概念做深入的討論。

Chapter 3 人機介面使用性

3-1
使用性工程

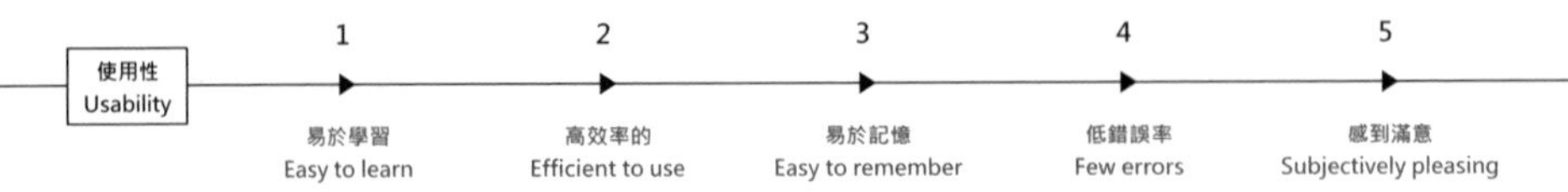

▲ 圖 3-1　使用性的五個特性（Nielsen,1993）

本章節以尼爾森（Nielsen）在 1993 年所著之《使用性工程》（Usability Engineering）一書爲基礎進行使用性相關概念的說明。使用性工程爲以使用者爲中心導向的介面設計方法。其知識應用涵蓋了解使用者、針對使用者需求進行分析、設定使用性目標、進行使用性測試發現問題以利進行改良設計。ISO9241 將使用性定義爲產品可以讓特定的使用者有效率、有效用以達成特定的目標與完成工作。使用性也指爲在設計過程中用以提升容易使用程度的方法。國內亦有其他譯名爲「優使性」或「易用性」。

使用性工程主要在探討如何與使用者溝通、觀察使用者的工作環境與情境分析等，以找出產品使用性的問題，並提出其設計之準則以供設計師使用。使用性包含以下五項主要的特性，如圖 3-1 所示。

依據這五個特性，使用性可以更精準得依據工程的準則，讓系統的設計能改進與評估，因此，一個系統的整體使用性是採這五個特性的平均值而定。使用性也就是讓具代表性的使用者去操作執行一系列的任務以測試系統，而各使用者在執行任務中會有不同的使用性特徵。

一、學習性（Learnability）

系統應易於學習，且讓使用者能在短時間內，不需經由幫助即可快速學習，並開始使用。

二、效率性（Efficiency）

系統應能有效地被使用，當使用者掌握到操作邏輯後，便可以很快得到最高效能的表現。

三、記憶性（Memorability）

系統應易於記憶，即使使用者中斷使用系統一段時間後，重新使用系統時，不須再從頭學習。

四、錯誤率（Errors）

系統應具有低錯誤率，讓使用者在操作系統的過程中能少出錯，即使犯錯也能迅速克服，且防止災難性的錯誤發生。「錯誤」可解釋爲無法完成預想目標的任何行動，「錯誤率」即使用者完成一任務時所造成的錯誤次數比率。

五、滿意度（Satisfaction）

系統應讓使用者在操作過程中感受愉快，且能滿足使用者主觀上的喜好。

尼爾森（Nielsen）同時也提出了使用性的生命週期（Lifecycle），亦即完整的使用性應包含的步驟與內涵：了解使用者（Know the user）、競爭性分析（Competitive analysis）、目標設定（Goal setting）、同步設計（Parallel design）、參與式設計（Participatory design）、介面一致性整合（Coordinating the total interface）、規範的應用與啓發式評估（Guidelines and heuristic evaluation）、原型製作（Prototyping）、應用情境分析（Scenarios）、介面評估（Interface evaluation）、重要性排序（Severity ratings）與反覆式設計（Iterative design），以下分別進行討論。

1. 了解使用者（Know the user）

任何軟體或應用程式介面都有其所設定的目標使用（End user）族群，因此，使用者需求便是介面需要了解的第一要務。這個階段的重點是透過使用者行為研究相關的方法，例如 Persona 人物誌法了解使用者的特質與介面的關聯性，以及任務分析（Task analysis）確認使用者在介面中做什麼事，以及引導出系統所應提供的功能。

2. 競爭性分析（Competitive analysis）

以介面設計規範（Guidelines）分析或使用者測試（User testing）了解現有的產品與介面之優缺點。測試的標的除了現有介面以外，尚包含與其他產品介面比較，如圖 3-2 藉此了解所欲開發與修正的介面的優缺點。

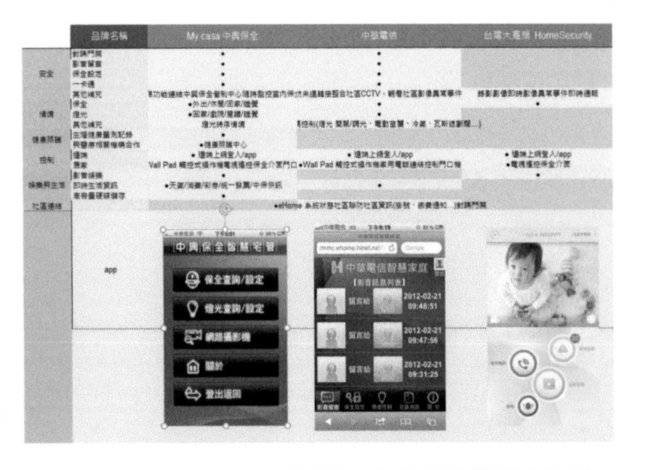

▲ 圖 3-2　競爭產品與介面分析比較表案例

3. 設定目標（Goal setting）

在確定目標使用族群之需求後，則可定義系統介面所擬達成的層級、屬性與功能的優先順序等，也就是確認系統的目標與設計規範。對於一家公司來說，進行財務衝擊分析（Financial impact analysis），預估可能使用此介面的使用者的收入與花費，將有助於系統所欲達成層級的設定。

4. 同步設計（Parallel design）

避免單一設計師在設計上有個人的偏好，在理想可行的情況下，最好能同時多位設計師一起進行先期的設計，以便能夠找出所有可行的解決方案。如圖 3-3 說明同步設計應在設計初期執行。

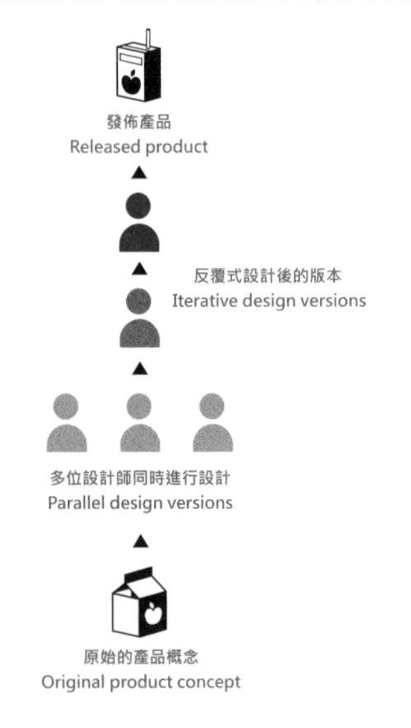

▲ 圖 3-3　產品介面開發初期同步設計

▲ 圖 3-4　過程中應讓使用者參與設計

5. 參與式設計（Participatory design）

開始進行設計以後並非完全都是由設計師來主導意見，在整個設計過程之中，在適切的時機仍需讓具代表性的使用者（Representative users）參與設計的評選，如圖 3-4，並不斷徵詢各方的意見以篩選較佳的方案。

6. 介面一致性整合（Coordinating the total interface）

在盡可能取得多方的使用者資訊以後，應整合介面設計中所運用的不同媒介，如畫面、文案、線上輔助系統等，注意其一致性（Consistency）並減少介面之間或不同設計元素間衝突發生的可能性。

7. 規範的應用與啟發式評估（Guidelines and heuristic evaluation）

這個步驟包含以下兩個重點：

（1）應用現有的介面設計與規範進行設計。

（2）執行啓發式評估（Heuristic evaluation），亦即依據這些設計規範，藉由使用性專家觀察介面並提出正、反意見。

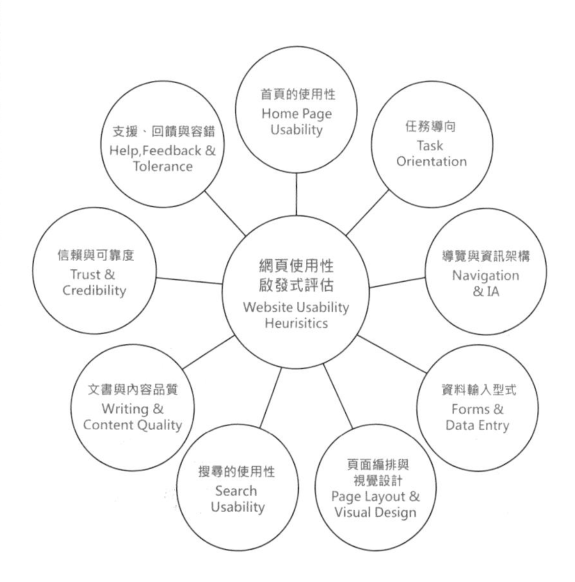

▲ 圖 3-5　網頁使用性啟發式評估建議項目

8. 原型製作（Prototyping）

快速且符合經濟效益的方法，可被用在早期介面的使用性評估，以便得知介面設計是否符合使用者的需求，並找出可能的使用性問題。

9. 應用情境分析（Scenarios）

藉由情境敘述的方式找出使用者最終可能與系統產生的互動模式以及介面的形式。如圖 3-6 為以智慧化服務系統之應用情境進行介面之推演。

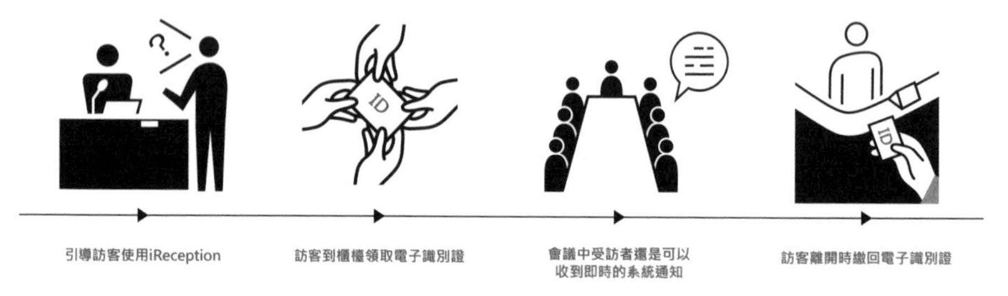

引導訪客使用iReception
訪客到櫃檯領取電子識別證
會議中受訪者還是可以收到即時的系統通知
訪客離開時繳回電子識別證

▲ 圖 3-6 軟體介面使用情境預想案例

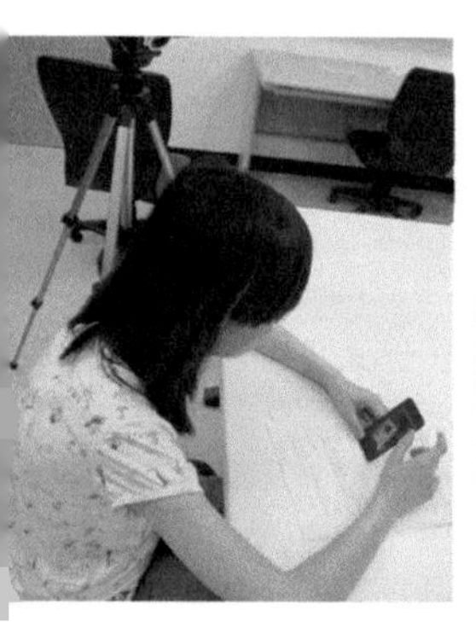

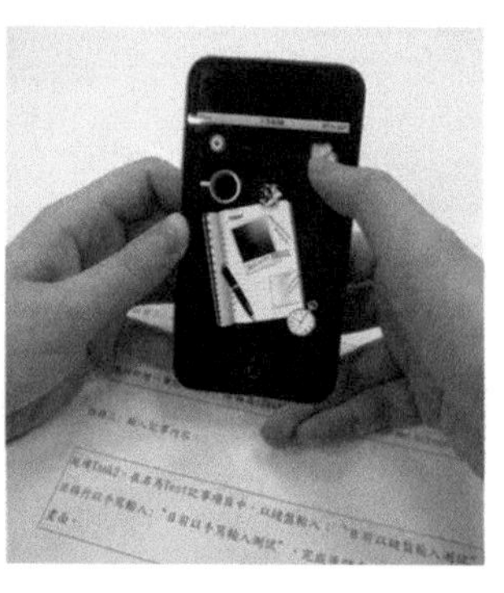

▲ 圖 3-7 完成的介面進行使用者測試

10. 介面評估（Interface evaluation）

即使用者測試（User testing）。將設計完成的介面提交使用者做測試，以找出使用性問題，如圖 3-7。藉由先前所製作之介面原型，擬定以情境分析導引出之使用者任務，可模擬使用者在介面上之實際操作並獲得回饋。

11. 重要性排序（Severity ratings）

一般來說，介面修正有其公司策略上的要求，以及開發時程上的影響因素，因此不可能解決所有的使用性問題或考量個別的偏好，因此必須針對所有使用者測試的問題回饋做優先順序，再決定處理的方式。表 3-1 爲一重要性程度之參考範例說明。

▼ 表 3-1　不同程度之重要性說明（取自 QualityTrainingPortal.com）

嚴重程度 Rating	嚴重性描述 Description	定義說明（影響的嚴重性） Definition（Severity of Effect）
10	具危險性高的 Dangerously high	錯誤可能對企業或顧客造成傷害。 Failure could injure the customer or an employee.
9	極度高的 Extremely high	錯誤可能與法規要求的有所抵觸。 Failure would create noncompliance with federal regulations.
8	非常高的 Very high	錯誤會使裝置無法使用或不適合使用。 Failure renders the unit inoperable or unfit for use.
7	高度的 High	錯誤會導致高度的顧客不滿。 Failure causes a high degree of customer dis-satisfaction.
6	中度的 Moderate	錯誤會導致產品的子系統或部分功能故障。 Failure results in a subsystem or partial malfunction of the product.
5	低度的 Low	錯誤足以造成效能上的損失並導致顧客的抱怨。 Failure creates enough of a performance loss to cause the customer to complain.

嚴重程度 Rating	嚴重性描述 Description	定義說明（影響的嚴重性） Definition（Severity of Effect）
4	非常低的 Very low	錯誤可以藉由修改產品或是顧客的使用流程來加以克服，但仍有輕微的效能損失。 Failure can be overcome with modifications to the customer's process or product, but there is minor performance loss.
3	輕微的 Minor	錯誤會給顧客帶來一點麻煩，但顧客可以在不損失效能的情況下克服問題。 Failure would create a minor nuisance to the customer, but the customer can overcome it without performance loss.
2	非常輕微的 Very minor	錯誤對顧客而言可能並不明顯，但仍可能對產品或顧客的使用流程產生輕微的影響。 Failure may not be readily apparent to the customer, but would have minor effects on the customer's process or product.
1	無 None	錯誤不會引起顧客的注意，也不會影響產品或顧客的使用流程。 Failure would not be noticeable to the customer and would not affect the customer's process or product.

12. 反覆式設計（Iterative design）

在執行完以上的步驟之後，依據使用性問題的處理優先順序進行再設計（Redesign），並提出改良的介面。藉此找出介面設計的基本原理（Design rationale）以做為下次設計時的參考。而此步驟在整個使用性的生命週期中必須重覆的執行以確認大部分的使用性問題被解決為止，如圖 3-8。

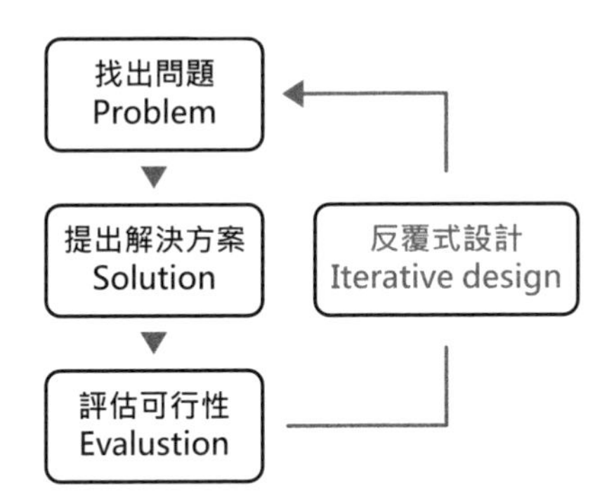

▲ 圖 3-8　反覆式設計以解決大部分的使用性問題

3-2
介面使用性設計與使用者評估

使用性測試（Usability testing）的目的是在產品投入市場之前讓潛在的使用者幫助產品研發人員發掘產品使用性問題，並了解其對於該產品與介面的整體印象和改進建議（西門子技術部使用者介面設計中心，2002）。使用性測試是一種觀察使用者實際使用一個產品或服務並記錄使用者經驗的方法，透過調查來決定使用系統的成功與否（Walbridge, 2000）。

使用性測試具有以下五個特性

（1） 主要目的爲改進產品的使用性，並針對每一個測試訂定詳盡的目標。
（2） 受測者必須能代表眞實的使用者。
（3） 受測者需進行眞實的任務。
（4） 實驗者觀察與紀錄受測者在實驗中所做與說的部分。
（5） 實驗者分析實驗數值，評斷可能產生的眞實問題，並建議解決問題方案。

使用性測試已被廣泛的應用在產品的評估與系統開發的過程中。產品介面的使用性評估首先必須將其特性找出來，再決定出要評估哪些使用性的屬性，例如：學習性、錯誤率等。最後，選擇適當的量測變項以及與其對應的量測技術與工具（Kwahk et al, 1997）。

使用性測試所量測的變項包含以下幾種類型

- 工作相關的（Task-related） 與工作績效有關聯而可以被客觀量測得到的，例如工作完成時間與錯誤率等。
- 介面相關的（Interface-related） 可代表介面特徵的績效，例如圖像的辨識度。
- 主觀性的（Subjective） 由受測者所進行的主觀評測，例如主觀滿意度以及針對實驗結果品質的評價。
- 生理性的（Physiological） 由受測者生理狀況分析得到的量測，例如以心跳代表壓力的指標，或腦波反應情緒變化。

為了檢視介面設計是否容易學習、有效率並適合使用，以及更進一步了解在測試過程中，介面使用時可能產生的問題等，皆可以透過使用性測試進行了解。基本的使用性測試步驟，如表 3-2。

▼ 表 3-2　使用性測試基本步驟（Benyon, Turner & Turner, 2005）

步驟	內容
Step1	建立測試的目的；找到使用者代表；確定使用場合；獲得或建構設計標的的使用情境。
Step2	選擇測試方法 - 結合專家檢核與目標使用族群測試。
Step3	執行專家檢核。
Step4	規劃使用者測試（使用專家檢核的結果來協助進行）。
Step5	找到使用者代表；安排測試場所與設備。
Step6	進行使用者測試。
Step7	分析結果，撰寫評估報告並回傳給設計師。

在許多狀況下，為求實驗擁有良好的控制，執行使用者測試經常會在使用性測試實驗室（Usability testing lab）進行。標準的使用性測試實驗室應內含兩個空間：一個是使用者測試區（Test room），包含擬進行測試的系統、以及依實驗需求由不同角度設置的數臺攝影機，整體必須盡可能模擬為使用者使用系統的環境進行測試；另一區則是相鄰之實驗控制區（Control room），或稱觀察室（Observation room），實驗者可利用兩區之間的單面反射鏡在不干擾受測者的情形下觀察其使用行為，同時應用電腦與其他數位設備進行實驗控制與指示受測者執行測試的步驟。圖 3-9 為一標準的使用性測試實驗室的設置案例。

▲ 圖 3-9　使用性測試實驗室

而在介面使用性評估方法上，最常使用的是使用性工程評估法。Nielsen（1993）提出的九種研究與評估方法如表 3-3。以下針對各個方法進行說明。

▼ 表 3-3　九種使用性評估方法（Nielsen,1993）

方法	適用階段	受測者	主要優點	主要缺點
啟發式評估 Heuristic evaluation	設計初期 反覆式設計	3-10 位專家	可找出個別使用者的問題，與找出專家級使用者關心的議題。	未包含真實使用者，所以無法發現「預期以外」的需求。
績效測量 Performance measures	競爭性分析 最終測試	至少 10 人	有實際數據產生，結果容易進行比較。	無法發現使用者個別的使用性問題。

方法	適用階段	受測者	主要優點	主要缺點
放聲思考 Thinking aloud	反覆式設計 形成性評估	3-5 人	找出使用者的錯誤觀念，便宜的方法。	對於使用者來說不自然，專家級使用者很難把想法口語化。
觀察 Observation	任務分析 後續研究	3 人以上	在人類學上具效度，可以發現使用者真正執行的任務，並獲知所需之系統功能與特色。	測試的環境不易設定，實驗者不易控制實驗的執行。
問卷調查 Questionnaires	任務分析 後續研究	至少 30 人	可發現使用者主觀偏好，易於重複試驗。	要進行預先測試，以免受測者對題目有誤解。
訪談 Interviews	任務分析	5 人	具有彈性，可深入探索使用者的態度與經驗。	耗費時間，且不易分析與比較結果。
焦點團體 Focus groups	任務分析 使用者參與	每組 6-9 人	能看到使用者的自然反應以及團體的互動。	結果不易分析且效度較低。
實際使用紀錄 Logging actual use	最終測試 後續研究	至少 20 人	能夠發現高度使用或不常使用的功能，而且可以持續進行不間斷。	需大量的數據進行程式的分析，且可能侵犯使用者的隱私。
使用者回饋 User feedback	後續研究	數百人	可以追蹤使用者需求與觀點的改變。	需要專門的單位組織來掌握其回覆率。

一、啟發式評估（Heuristic evaluation）

由評估者依據使用性原則做個別檢視受評估之人機介面。它是一種結構化的評估方法，往往具有啓發的效果故稱之。評估的過程是由一組三到十人的人因工程師擔任評估者來檢視介面，每位評估者須個別評估其介面，待檢測完畢才可和其他評估者溝通討論，最後將所發現的結果彙總起來。爲幫助評估者發現使用性問題，在評估之前會給每一位評估人員一張評估準則表，幫助他們在評估的過程中產生想法。

二、績效量測（Performance measures）

係指受測者完成使用性測試的工作之後，取得受測者執行績效量化資料的方法。此方法通常是在使用性實驗室中進行，爲的是將干擾減到最小以搜集最精確的資料。由於得到的數據結果必須是可靠的以便進行統計分析，因此至少需要十名以上的受測者。此方法常和問卷調查與事後訪談結合使用，如此一來不但可以得到量化的數據，也一併得到質化的資料相互佐證。

三、放聲思考（Thinking aloud）

此方法爲要求受測者在測試系統的過程中說出使用時心裡所想的。此法所需要的受測者不多，約三到五位。放聲思考法能讓實驗者了解使用者是如何與產品互動，也可以知道使用者心中的思維模式。另一優點則是此法可觀察出使用者習慣表達的術語，可將之應用於系統設計或說明文件上。然而一般使用者並不易在操作的同時兼顧完整傳達其想法，因此在測試之前透過適當的口語訓練是必要的。

四、觀察（Observation）

藉由觀察使用者的行爲，來判斷系統介面是否合乎使用者需求。觀察法可分成兩種實施的方式：干擾與非干擾。干擾式觀察指的是受測者會知道有人在一旁觀察；而非干擾式觀察則是利用單面透視鏡或是錄影的方式進行評估。實施評估的環境也有兩種：實驗室與實地研究。在實驗室有較好的觀察設備且位置擺設恰當，可以較正確的觀察受測者的行爲；實地評估則因爲環境較自然，受測者不會感到拘束也較能測出正確的結果。

五、問卷調查（Questionnaires）

制定一些問題編製成問卷，然後發給使用者填寫，這是較常使用的調查方法，因爲統計理論發展成熟，因此可以得出較爲公正的結果。但在設計問卷之前必須先針對想知道的資訊類型進行規劃，建立問題核心並考量問題的相關性，再進行問卷設計。在過去軟體發展的階段已有不少被驗證爲檢測介面使用性有效的問卷，例如著重於軟體介面的SUMI（Software Usability Measurement Inventory）、網站介面分析的WAMMI（Website Analysis and MeasureMent Inventory），近年來常用的則是發展成熟的SUS（The System Usability Scale）以及強調互動滿意度的QUIS（The Questionnaire for User Interaction Satisfaction）問卷。

六、訪談（Interviews）

進行的方式是由實驗者對受測者提出一連串開放式的問題，藉此發現一些原先沒有預期到的資料。爲避免具偏見結果的產生，實驗者對問題必須保持中立的態度而不能對受測者的回答表示贊同或反對。訪談法依照訪問型態可分爲三種類型：結構式訪談、半結構式訪談、以及非結構式訪談。一般來說在介面設計研究中，就訪談者之控制程度而言半結構式訪談模式較常被採用，訪談者透過較爲粗略的訪談提綱對受訪者提出問題，再依使用者的回覆進一步提問，以達到搜集問題答案以外更深一層的動機或問題原因的探索。

七、焦點團體（Focus groups）

焦點團體是一種資料搜集的技術，由六到九個人聚在一起討論介面相關的議題。人因工程師或使用者經驗設計師則扮演中介者與主持人的角色，在事前準備一系列的議題及相關資訊提供討論時使用。在過程中，主持人可以經由這樣的討論得到許多使用者自發性的反應和想法。然而因爲是以團體討論的方式進行，因此在過程中容易因意見領袖或主導性較強的參與者的意見風向，而偏移討論的主題或產生偏頗，因此主持人必須適時的導引回主題並維持問題的中立性與客觀性。也因此爲求公正，通常會執行兩組以上由不同專家組成的焦點團體以確立結果的參考性。

▲ 圖 3-10　焦點團體會議執行情況（站立者為中介角色）

八、實際使用紀錄（Logging actual use）

紀錄包含了以電腦本身自動搜集系統被使用的細節。通常被視爲一種介面在實地被使用後實際搜集資料的方法，此外亦可是搜集使用者測試的補充方法。此法有助於了解使用者在不同的狀況下如何進行他們的工作，也能以統計運算出不同功能的使用頻率。近年來常用的方式爲眼球軌跡追蹤儀（Eye Tracking, 眼動儀）。

九、使用者回饋（User feedback）

使用者本身可被視爲使用性資訊的主要來源。使用者回饋有助於系統設計者得知使用者最關心的議題，且快速的得知使用者需求的改變。此處的使用者回饋通常係指軟體或應用程式介面，在發布或上市以後的資料搜集調查。

3-3 使用性設計實務

尼爾森（Nielsen, 1995）認為一些介面使用性方面的指南太過籠統，他將經過因素分析的介面使用性原則統整為以下十項：

1. 系統狀態應可視化

其目的在於支援使用者發展對系統正確的模式，因此，系統必須在合理的時間內顯示使用者的輸入已經被接收，以及顯示系統正在做什麼並且暗示任務執行的過程。

2. 使系統與真實世界必須能夠對應

介面設計必須採用使用者清楚明瞭的用字、辭彙與概念，而不是系統導向的術語。也就是說，應當依照現實世界的習慣，並自然的對應到使用者的任務與心智目標上。

3. 使用者掌控與自由化

使用者可以在介面中自由的活動，若有錯誤時可以取消原先執行的動作，離開任何意外進入的地方，任務進行一半時可以放棄，到達任何任務階層的不同點等，介面必須提供操作的不同方式，與完成任務的不同路徑。此外，系統應提供「取消動作回上一步」（undo）和「重複剛才的動作」（redo）的功能。

4. 介面具有一致性與標準化

不論是內在或現存的標準，都必須一致。內在一致意指資訊構件在介面中，相同的狀態會重覆出現；相同的資訊樣式在不同的螢幕上應該放在相同的位置；相同的動作完成相同的工作。現存的標準意指系統必須與任何在其上面工作的平臺標準一致。

5. 預防錯誤

提供一個良好的錯誤提示訊息固然是貼心的設計，但若能夠預防錯誤則是第一要務。系統要能消除容易出錯的狀況，或是在使用者進行動作前提供他得以先加以檢視的確認選項。

6. 良好的識認性而非倚賴記憶

人類的工作記憶不能負載大量的資訊，而長期記憶又經常在產生資訊時失敗，所以介面設計要能幫助使用者減少記憶負荷。藉由介面上的物件、操作與選項的可視化以減少使用者的記憶負擔。使用者不應該在與介面對話的過程中必須去記憶其中的訊息。使用系統時的指引應是容易被看見的，或能夠很輕易的在適當的時候被取得。

7. 使用上的彈性與效率

其目標是要讓系統更切合不同經驗層級使用者的需要，例如針對專家級使用者能夠提供更簡短快速的作業方式像是功能按鍵或者指令輸入等。新手使用者看不見的加速功能通常可以加快專家級使用者與系統互動的速度，如此一來可使系統同時符合無經驗與有經驗使用者的需求。系統需允許使用者自行訂定經常操作的功能。

8. 美學與簡約的設計

以簡單的圖形設計讓系統看起來舒適，使用簡單與自然的對話方式，減少誇大的文字或圖片，並避免混淆。所有的資訊應以自然與邏輯性的次序顯示。對話框不應包含無關緊要的訊息，對話中任何額外的訊息都會與相關的訊息產生競爭而降低它們的相對可視性。

9. 協助使用者辨識、診斷錯誤，並從錯誤中恢復。

所有的使用者都會犯錯，因此錯誤的訊息應該要用通俗易懂的語言表達（不需使用編碼），明確的指出問題，並提出具建設性的解決方案。

10. 支援與說明文件

儘管系統可以在沒有任何說明文件的情況下使用會更好，但提供支援與說明文件仍然是需要的。這些訊息都應該容易被找到，且著重在使用者的操作任務，臚列出需要執行的具體步驟，資料量也不應太大。

接下來要談到的是一個少有人講、但卻非常重要的議題就是網站的使用性。網際網路發展的這二十年來，網站設計成了公司企業甚至個人傳播訊息給客戶或他人認識的重要管道。此現象可從坊間書局架上看到爲數衆多的網站設計或網頁設計書籍得知。然而，網站使用性的優劣關係著使用者的感受，甚至影響網站所欲達成行銷的目的。

整個專案的預算就那麼一點點，又要在那麼短的時間內改版完畢，能把網站順利做出來就已經很不簡單了，哪裡還有多餘時間去做使用性測試？要找一個所謂的使用性專家來做「看不到的使用性」就更別談了吧！

這段話所描述的必然是許多人所面臨的現實狀況吧！國外的使用性發展在 90 年代初期就開始了，國內則是在近十五年來開始有學界針對網站的使用性進行研究，未能普遍受業界重視的主因即是使用性的成效不易在短時間用明確的量化指標來檢視，進行網站設計的人不是技術背景就是設計人士，多數未受過使用性概念的養成。再加上專案時程上的要求，自然也就不易被放到檯面上來仔細討論。所以，身爲網站設計師理當得具備有使用性的觀念，更得利用最少的時間極大化使用性的成效，在這裡建議可以從設計執行的前、中、後三個階段來看。

■ 設計開始前

著重目標與使用者需求分析。可以從專案的利害關係人（Stakeholder）處搜集資料，事先了解專案的特性。同時針對目標使用族群做一些快速的訪談，並在必要時做個快速的調查瞭解競爭對手的優劣點。

■ 設計進行中

盡可能避免使用性缺失。可以透過了解網路使用者的行爲、參考相關的設計原則、以及時時保持設計的敏銳度避開常見的使用性問題。

■ 設計完成（或部分完成）

可以透過快速的啓發式評估，例如具有豐富經驗的設計師以及使用性測試，找出問題並改善，目標族群爲同事或朋友。

在進一步討論網站使用性前，這裡參考了《優使性 2.0》（Usability2.0）這本書中針對使用者的行爲模式做進一步的說明：

（1） 網路上的資源太多，使用者進入一個網站時不會先去想「我要如何使用這個網站」，而是憑著直覺摸索，所以如果需要使用者花精神去學習使用，那他可能會直接選擇離開。

（2） 使用者造訪一個網站所進行的動作是以「瀏覽」去搜尋他所需要的資訊而不是用「閱讀」的，所以不要期望使用者會仔細的去看網站的內容（進行文章或新聞內容的閱讀除外）。

（3） 呈如上述，使用者來到一個網站的目的可能在搜尋他所需要的資訊，即便是在「閒逛」或是「娛樂」也屬於一個「任務」，因此網站的設計要能讓他完成這個任務。

（4） 許多網站會出現動態的內容來吸引造訪者的注意，然而事實上對於目的導向的使用者可能增加無謂的等待及造成不耐與干擾。

（5） 網站的資料量龐大，例如學校的網頁，內容包含過去、現在與未來的學生和老師們所需的資訊；更別談那些購物網站了，數以萬計的商品與分類讓你進到某一個地方去看你想要買的東西，甚至去比較其他的商品時，迷失在某個頁面應該是常見的狀況。這時候你會希望得到網站上的指示來告訴你現在在哪裡？還有可以去哪裡？

（6） 身爲一個使用者你可以任意決定想要怎麼做，但遇到一個會強迫你執行一些動作的網站時，例如強迫你要按讚，必然會產生反感。

（7） 逛街購物的時候，消費者喜歡的狀況應該是不要有店員在旁打擾，但是需要幫助的時候，店員可以馬上出現在身邊，也就是揮之即來，呼之即去的概念！網站給使用者的 Help 功能理當也該如此。

（8） 只要每次的點擊都是有意義的，它能夠協助使用者完成任務，使用者並不會介意點擊次數的多寡。三次點擊理論（3-clicks rule）說明了使用者必須在三次點擊內就可以看到預期出現的內容。

（9） 許多廠商會花錢買網頁廣告版面，然而廣告內容卻是使用者最常忽略的，在具有目的性的使用者眼裡，搜尋對他有用的資訊遠較廣告內容實際，所以會下意識的過濾掉看起來像是廣告的內容，根據統計入口網站首頁廣告點擊率是 0.1%，甚至連帶影響廣告旁邊的區域。

（10） 使用者的心智模式在相同類型的網站中會互相套用，例如同學在 A 仲介網站中搜尋校外租屋的訊息，來到 B 仲介一樣會期待看到類似的概念模式，所以在設計網站時，適度參考一些使用者慣用的網站設計並不是件壞事。

（11） 「我記得上次那個內容是在下面」（模糊的空間配置）、「我記得上次那個內容是在某個圖的上面」（相對位置），這兩種模糊記憶是使用者常有的行爲現象，也就是說，使用者是以空間的相對位置來記住網站的內容或功能的安排方式，所以網站進行改版如有調整頁面架構時尤需注意。

（12） 讓使用者安心的使用你的網站是最重要的，沒有了安全性的網站就什麼都別談了。

傳統網頁設計上，美國印第安那大學使用性諮詢服務中心（1997）在「設計使用性的網頁」研討會中提出，一個易於使用的網頁應該：

- **避免大量的字體，每行至多 60 個字、字體最小 10 點，且避免全部大寫。**
- **背景與字體間宜用高對比的顏色，且顏色不應過度複雜。**
- **整篇網頁應採用統一的風格來表現符號、圖像和文字，避免濫用圖像，最好應和文字連結使用。**
- **使用便於理解之語系和通用的字彙。**
- **盡量降低連結間的複雜性，連結的位址名稱最好有顯示。**

關於網站設計的使用性，《Homepage 完全解構：50 個知名網站設計詳析》一書中，尼爾森（Nielsen）在 2001 年針對五十個知名網站作爲案例從實務的角度進行說明，歸納出 26 個類別、113 條設計法則。

1. 明確傳達網站設計的意圖

- 在適當的版面位置清楚呈現公司名稱與標誌。
- 簡述一段明確的副標來說明網站或公司性質。
- 凸顯該網站對使用者而言有哪些服務上的價值，以及相較於同業的優越性爲何。
- 適度的強調高優先的工作項目，以提供使用者在網頁上明確的起始方向。
- 清楚的界定出網站上的官方首頁。
- 僅讓公司的主網頁出現連結其他網站。
- 清楚的設計與其附屬頁面有所區隔的網站首頁。

2. 公司資訊的傳達

- 整合企業資訊，如關於我們、投資者相關訊息、新聞中心、人力資源以及與企業相關資訊於明顯的區域。
- 確定首頁包括「關於我們」（About Us）這個部分的連結，這是用來讓使用者粗略了解整個公司，並可再連結到公司產品、服務、公司評價、商業主張與管理團隊等相關資料的細節。
- 如果需要發佈公司相關的新聞報導，那麼請在首頁加上「新聞中心」（Press Room）或「新聞室」（News Room）的連結。
- 呈現出一致的面貌，因爲網站不僅僅只是網站，更是公司對外的窗口。
- 將「聯絡我們」（Contact Us）的連結置於首頁中，並連結到相關聯絡訊息的網頁。
- 假如你提供「建議與回饋」的機制，須特別說明這些訊息的目的，以及這些訊息是否會由客服人員或網站管理者接收。
- 別讓公司內部資料顯示於對外的公開網站中。
- 如果你的網站有收集任何使用者資訊，就必須在首頁上提供隱私權（Privacy Policy）的連結。
- 如果網站不能清楚的顯示營利來源，就必須說明該網站如何創造利潤。

3. 內文的書寫

- 使用會引起消費者注意的語言，段落標示與項目分類是根據消費者的需求而非公司。
- 避免重複的內文。
- 爲了讓使用者易於了解你的語意，別使用過於艱澀的字眼或行銷術語。
- 注意大小寫及語句用詞的一致性。
- 如果內文本身已可清楚傳達訊息時，不需在頁面增加說明區域。
- 避免只有一個項目的分類選項存在。
- 讓長串單字或成語排在同一行，避免換行狀況的發生，以減少瀏覽時的困難與誤解。
- 需要使用者配合填寫的項目、或是適切的限制條件說明，並使用肯定式的語氣，例如「請輸入城市名稱或郵遞區號」。
- 在任何縮寫或簡寫之後，請列出全名。
- 避免使用驚嘆號、問號等符號。
- 在版面中盡量減少大寫字的使用。
- 避免使用空格或逗點做不當的強調。

4. 經由範例來說明內文

- 採用範例來說明網站內容，會比僅用文字描述效果更好。
- 對於每個範例，請務必直接連結到它詳細的說明頁面，不要只連結到一個分類頁面。
- 在重點範例旁，提供一個延伸分類的連結。
- 確定首頁內能明顯地區分出通往範例的連結與頁面中其他一般分類連結的不同。

5. 檔案資料庫與過期內文搜尋

- 讓舊有的資料訊息，更容易被使用者查詢獲取。舉例來說，將過去兩星期或一個月的資料加以整理編排，提供一個粗略清單，放入檔案資料庫中。

6. 連結

- 凸顯連結的差異性並使使用者容易瀏覽。
- 別使用一般性稱呼，例如“Click Here” 做爲連結字。
- 不要在分類說明之後使用通俗性用語，例如“More…”。
- 採用顏色區別以顯示出已點選和未點選的連結狀態。
- 在網頁中不要使用“Link”來表示連結點，要用顯示出加註底線與藍色字體的連結來表示。
- 如果連結後是指向另一個網站或應用程式，例如 PDF 檔或開放聲音、影像程式，就必須在連結前清楚告知。

7. 導覽

- 將主導覽區置於比較明顯的地方，最好能緊鄰網頁主要內容。
- 將導覽區中類似的項目放在一起。
- 對於類似的連結，不要用連結首頁的功能。
- 在首頁上，不要使用連結首頁的功能。
- 導覽區的分類選項中，要能讓使用者立刻分辨出彼此的差異，因此當使用者無法理解網頁所使用的專門用語時，也就不可能區別各個分類。
- 如果網站有提供購物車的功能，那麼請將其連結置於首頁上。
- 導覽區中使用圖示可以協助使用者立即分辨所屬的分類，例如可能爲最新項目、拍賣項目或錄影內容。

8. 搜尋

- 在首頁中提供使用者要搜尋的查詢詞的輸入方塊，而不只是提供一個到搜尋網頁的連結。
- 輸入方塊必須要有足夠的寬度讓使用者查看以及編輯搜尋網站的條件。
- 別爲搜尋區取一個標題，輸入文字方塊用“Search”按鈕來提示。
- 除非進階搜尋是網站的基本需求，否則請在首頁提供簡易的搜尋即可。
- 首頁上的搜尋功能其預設範圍應該是涵蓋整個網站。
- 不要在網站上提供搜尋整個網際網路（Search the web）的功能。

9. 工具與工作捷徑

- 在首頁上提供使用者直接執行高優先權的工作。
- 不要提供與網站功能無關的工具。
- 不要提供替代瀏覽器功能的工具，例如設定為瀏覽器的預設首頁或將網站加入個人書籤等功能。

10. 圖像與動畫

- 採用圖像來加強內文說明，而非僅用來裝飾首頁。
- 如果圖像或照片無法清楚表示所代表之內容，可加以標示並說明。
- 將照片與圖表編排成適當比例呈現於螢幕中。
- 避免放上有壓浮水印的圖像。
- 在首頁中，不要刻意採用動畫效果。一般來說，動畫效果很少被放在首頁上使用，因為它會吸引使用者目光，進而分散對其他項目的注意。
- 不要將網頁上重要的項目製成動畫效果，例如商標、標語或主要標題等。
- 不要強迫觀看動畫，也就是說不要把它設定為預設值，請讓使用者有選擇的權利。

11. 圖形設計

- 過度設計的文字會降低文字內容的重要性，所以網頁上的文字大小、顏色、字型以及格式，都必須加以限制。
- 使用對比強的文字與背景顏色，讓字體盡可能的清楚呈現。
- 避免 800*600 螢幕解析度的網頁出現水平捲動。
- 重要的網頁要素應該要在最普遍的視窗大小（800*600），以及螢幕不需捲動視窗的情形下呈現出來。
- 採用不固定的版面設計，如此首頁的大小才會隨螢幕解析度的大小做調整。
- 審慎的使用商標。

12. 使用者介面工具集

- 不要在不希望使用者點選的頁面使用工具集。
- 避免在首頁使用多個文字輸入方塊，尤其是網頁上方的部分，因爲使用者通常會有在此處尋找搜尋功能的傾向。
- 謹愼的使用下拉式選單，特別是當選項本身無法充分說明時。

13. 視窗標題

- 使用帶有資訊字眼做爲視窗標題的起始，通常爲公司的名稱。
- 無需將最上層的網域名稱像是“.com”放到視窗標題裡，除非它跟 “Amazon.com”一樣算是公司名稱的一部分。
- 無須把“Homepage”放到視窗標題裡，這種做法毫無意義。
- 視窗標題應該包含對此網站的簡述。
- 視窗標題不能太長，最好不要超過七或八個字，而且少於 64 個字母。

14. 網址

- 在商業網站首頁的網址部分應該採用 http：//www.company.com 的形式。
- 任何不是在美國而是在其他國家架設的網站，請使用該國最上層的網域。
- 多註冊幾個不同的網域名稱，像是不同的拼法、縮寫或是常拼錯的網站名稱。
- 如有多個不同拼法的網域名稱，請選擇一個當作正式對外公告的官方網址，並將其他拼法都導向這個位址。

15. 頭條提要與新聞稿

- 標題要能簡單扼要的說明內文，並且盡可能的用最少的字傳達最多的資訊。
- 特別爲首頁上的頭條題要與新聞稿撰寫並編輯提要。
- 使用可點選的標題連結到完整的內容，而不是用一大串的文章摘要來連結。
- 如果所有首頁上的內容都是最近一個星期內的消息，就可以不用把每篇文章的更新日期都標示出來，除非該篇報導是需要常常更新的即時頭條。

16. 彈出視窗與臨時頁面

- 當使用者輸入你的主要網址或是按下網站上的連結時，便引導他們至眞正的首頁。
- 避免使用「彈出視窗」（Popup window）。
- 除非你的網站有許多其他語言的版本，並且沒有單一的優勢語言，否則別使用下拉式選單來讓使用者選擇他們的所在位置。

17. 廣告

- 把和公司無關的廣告放在網頁的周圍。
- 盡量使外部的廣告相對於首頁的核心內容來得小且不引人注意。
- 如果你將廣告置於首頁上方標準橫幅廣告區域以外的地方，那麼請說明這是廣告，以免使用者誤以為是網站內容。
- 避免以廣告常用的方式來呈現網站內容。

18. 歡迎詞

- 不要在首頁顯示出類似「歡迎光臨」的字眼。在你放棄首頁原先的內容來顯示問候語之前，可以考慮改用標語來表示。

19. 技術問題與緊急事件的處理

- 如果網站或是網站的重要部分無法正常運作時，請在首頁上清楚地告知相關訊息。
- 重要的網站內容必須事先做好應變措施，以免遭遇緊急事故。

20. 讚美

- 不要浪費空間去誇讚搜尋引擎的功能、設計公司的功力、喜愛的瀏覽器廠商或是網站背後所提供的技術。
- 仔細思考是否要把所得過的獎項在網站中呈現。

21. 網頁重新載入與重新整理

- 不要為了顯示最新資訊就強迫使用者自動更新首頁。
- 重新整理網頁時，只要更新像是新聞這類確實需要即時更新的部分即可。

22. 既有客戶服務

- 首頁的某個部分，一但知道使用者的相關資料便會提供既有客戶服務的資訊，那麼不要對於初次來到網站的使用者也提供這項功能，而讓這個區域呈現替代的內容。
- 不要提供可修改首頁基本使用者介面外觀的設定功能，例如色彩組合。

23. 收集顧客資料

- 不要直接提供一個登錄註冊的連結於首頁中，而應該是先告訴使用者註冊後有甚麼好處。
- 在詢問使用者電子郵件位址之前，先解釋並常告訴使用者好處。

24. 組成社群

- 如果你有提供使用者聊天室或相關討論區，不要只是單純的連結到聊天室或討論區。
- 在商用網站上，不要提供「留言板」（Guestbook）的功能。

25. 日期和時間

- 只有會隨時間變化的資訊，才須顯示日期和時間，例如新聞、現場聊天室或股票報價等。
- 告訴使用者最後更心內容的時間，而不是目前電腦所顯示的時間。
- 請加以標示出來所參考的時區。
- 使用標準的縮寫，像是 p.m. 或是 P.M.。不要將縮寫過於簡化，例如 p.。
- 拼出月分或使用其縮寫而非數字。

26. 股票報價與數量顯示

- 顯示升降的百分比，而非僅指出股價的揚升或降低。
- 拼出股票縮寫的全名，除非縮寫名稱已是大家所熟悉的，例如“IBM”。
- 當顯示的數字超過五位數以上時，請使用千位數分隔符號。
- 當顯示多欄數字時，請將小數點對齊。

3-4 介面設計之原理原則

介面即是使用者與機器的接觸表面，介面顯示所要傳達的訊息以及所欲執行的工作，經由使用者操控的行爲來彌平使用者與機器的落差，介面扮演兩者的重要橋樑，讓使用者與機器能夠順利溝通。當使用者與任何事物產生互動，即會在內心形成某種互動的模式。它將成爲提供預測及解釋互動行爲的基礎（Preece, 1998）。

自 1993 年起，以學習者爲中心（Learner Centered）的介面設計方法漸漸發展，Soloway（1994）提出避免由電腦主動來控制使用者進行整個過程，讓使用者主動去思考如何學習，進行活動，透過感官經驗進行學習，這樣的互動性操作模式，能夠讓學習更有效率。Krajcik&Soloway（1997）提出符合以學習者爲中心的介面設計，包含下列四項原則：

A. 系統所產生的結果必須讓使用者清楚的瞭解。

B. 建立低負擔（如短暫記憶）與立即回應結果的介面。

C. 運用各種不同的媒體和展示模式營造學習的情境。

D. 鼓勵個人從系統中獲得成長的設計。

Preece（1998）提出以使用者爲中心的設計流程，如圖 3-11。身爲設計師在從事介面設計時必須從了解使用者開始，分析使用者的先備知識與經驗進而預想其互動行爲，嘗試著去減少目標使用族群在與介面互動時的認知負荷，讓介面具有一致性，才能減少使用上的錯誤，達成具有良好使用性的介面設計。

了解使用者

必須了解不同層面的使用者並符合他們的需求，例如，不同程度的使用者可使用不同的方法完成他們想要達成的工作。

減少認知負荷

使用者不需花費大量的時間或精力去記憶太多使用上的細節。

維持一致性與清晰性

一致性涵蓋了提供標準操作程序，或適當的隱喻來幫助使用者建立操作介面系統時的心智模型。設計師必須清楚的了解使用者最初始的訊息。

錯誤工程

使用者學習的過程中必然會犯錯，因此設計必須減少錯誤的產生，或在使用者犯錯時提供足夠的訊息使其能導正錯誤。

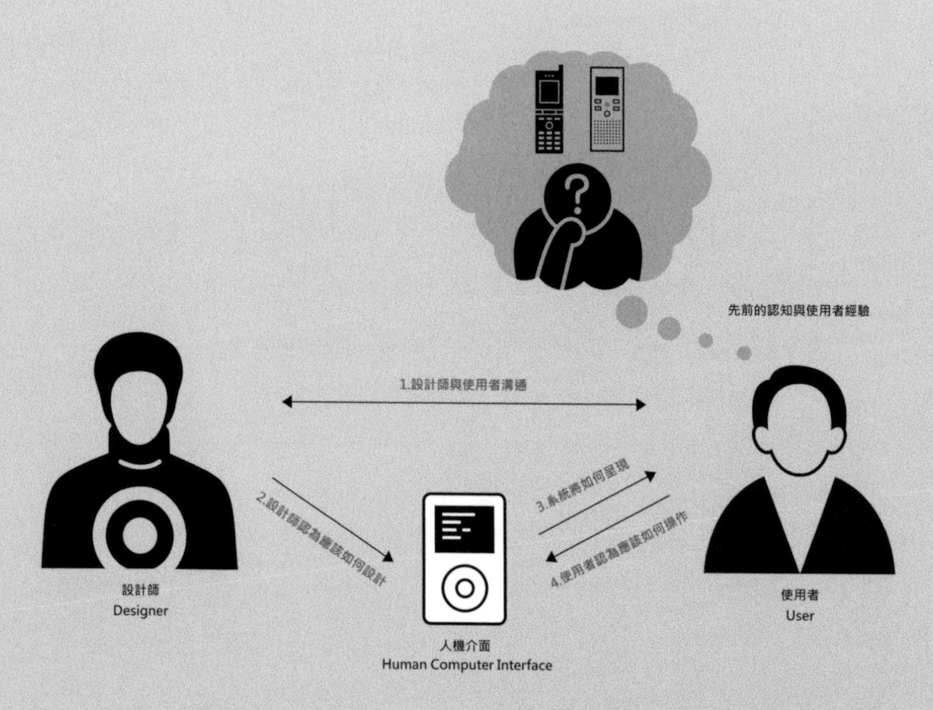

▲ 圖 3-11　人機介面設計的歷程（Preece,1998）

人機介面首要探討的就是以使用者為中心的設計（Human-Centred Design）。使用者中心的設計原則是根據使用者的需要與興趣，強調產品的「易用性」和「易理解性」的哲學。諾曼（Norman, 1998）提出以下的使用者中心設計原則：

1. 使用產品時，使用者隨時能知道他們能做什麼，可利用限制的原理。
2. 設計產品時，把各方面設計得簡單易懂。包括該系統的概念模型、可能採取的行動、和每一行動會產生的結果。
3. 使用者的意向和所需的行動之間應遵循自然配對的原理。同樣的，行動和結果之間，可見到的訊息與系統狀況詮釋之間也應遵循自然配對原理。

滿足使用者的需求是所有設計中最重要的設計原則。因此，在人機介面的設計過程中，應考量到資訊的複雜性與虛擬性會讓使用者在操作時產生不安定感，所以除了要讓使用者能直覺地掌控數位資訊，也需考量操作時的安全問題。Norman 指出好設計的一個重要部分是良好的互動，而互動大部分是適當的溝通。相較過去以功能為導向的開發方式，專注使用者需求並以其為中心的設計為現今趨勢，以使用者為中心是人機互動最基本也最重要的方向，特色為讓使用者也參與系統設計，透過需求分析（Requirement Analysis）、任務分析（Task Analysis）與使用性測試（Usability Testing）來獲得使用者需求與能力等資訊，進而發展成心智模型中的設計模型與系統印象雛形，將原型（Prototype） 提供使用者試用後得出其適切性與改善建議。相關設計原理有以下四點：

1. 專注使用者需求，在設計過程以使用者相關議題為中心，不以技術考量為主。
2. 進行任務分析以收集使用者所需執行的工作和環境之相關資料，讓使用者需求能被完整了解與描述。除了一般需求分析外，任務分析也是必要的，因此強調出系統需要提供何種功能（Functionality）。
3. 必需進行以使用者為對象的初期測試與評估，確保系統設計符合使用者需求。
4. 反覆式設計（Iterative Design），實行「設計→使用者測試→再設計」（Design → Test with users → Redesign），不可期望一次就能創造出一個完美系統，而是要把目標訂為追求持續演進的系統，在每次反覆式設計中進行改善與調整，以確保符合使用者需求。

Schneiderman（2005）歸納了八個互動介面設計的黃金法則，這也是許多介面設計學者所必須謹記在心的：

1. 努力求取一致性
（Strive for consistency）

讓整個介面具有一致性，好處就是降低使用者的學習門檻。一致性越高，使用者就可以運用越少的法則來使用整個系統。

2. 讓重度使用者有捷徑可用
（Enable frequent users to use shortcuts）

當使用頻率增加時，使用者會希望減少互動的次數，一次互動能帶出多項動作，如縮寫、功能鍵、隱藏功能與綜觀全局的功能，對專家使用者來說非常有用。

3. 提供有意義的回饋
（Offer informative feedback）

使用者做出一些動作時，系統應該提供回饋。越頻繁的動作，其回饋的強度可以低一些。越重要或不尋常的動作，其回饋強度應該要更顯著。

4. 設計對話以產生明確的結束訊息
（Design dialog to yield closure）

一連串的動作應該被組織成開始、中間、結束三部分。當動作結束的時候，要提供回饋讓使用者知道動作已經完成。在做下個一連串的動作之前，先告知使用者整個流程，能夠減輕使用者的壓力、提高滿意度。

5. 提供簡易的錯誤處理

（Offer simple error handling）

最好不要讓系統有嚴重錯誤的可能。如果還是造成錯誤，系統應該能夠偵測出來，並提供一個簡單、使用者可以理解的錯誤處理方式。

6. 允許動作還原

（Permit easy reversal of actions）

這個功能可以減低使用者的焦慮，因爲使用者知道做錯了可以重來。這個功能鼓勵使用者探索不熟悉的選項。回到上一步的功能，可以包含一個或是一連串的動作。

7. 滿足使用者控制的需求

（Support internal locus of control）

有經驗的使用者強烈的感覺到他們控制系統做出動作之後的系統回饋。系統設計要讓使用者作爲動作的觸發者，而不是回應者。

8. 減少使用者短期記憶的負擔

（Reduce short-term memory load）

人類的短期記憶有限，因此顯示上要保持簡單，能同時顯示多頁資料以減少視窗切換頻率，與記憶指令和動作順序的時間。

Chapter 4

人機介面使用者經驗設計

4-1
介面的形式

人機系統的交互作用必須透過顯示與控制介面來完成。顯示介面的作用在於傳達系統的訊息，透過使用者的感覺器官包括視覺、聽覺、觸覺、嗅覺、味覺等管道進行傳遞。而控制介面的作用則是使用者給予系統如何運作的指令，經由手動、語音、眼動，甚至是腦波加以操作與控制使系統完成任務。在這樣的互動關係中，人因工程之於設計的考量是最主要的關切議題。使用者的特性，包含年齡、性別、體型、身心狀況、能力與限制，以及對於系統的先備知識與經驗，都是在進行介面設計時的考量重點。最後再透過介面設計原則的參照，設計符合使用者需求的互動介面。

不同的互動設計，需要不同類型的使用者介面提供使用者與系統進行對話，所採行的介面形式則因不同的使用者需求而設計。人機介面設計大多遵循著操作、控制、回饋等原則，就其發展歷史與形式而言可以區分爲以下五種型態。雖然如此，隨著科技的極限不斷的往前推展，新型態的介面自然也會持續地推陳出新。

▲ 圖 4-1　實體介面具有觸覺提示的功能

一、實體操作介面（Physical interface）

包含傳統控制器與顯示器的控制面板，以及使用者操作實體產品的部分。常用的控制器有按鍵、旋轉選擇器及旋鈕等，配合著顯示介面來進行操作。傳統的控制器由於較不具美觀性，近年來在發展上強調應用語意學、符號學的原理來設計操作的提示，並強化觸覺感知原理的應用以引導使用者操作。然而，傳統的實體操作介面有其限制，即便輔以視覺或聽覺顯示亦未完整考量使用者與日常物件之間互動的經驗與智慧，因此基於普遍運算（Ubiquitous）爲基礎的可接觸式使用者介面（Tangible user interface, TUI），亦有稱實體使用者介面，便成了新世代介面的語彙（Ishii & Ullmer, 1997），結合實體接觸與自然互動的行爲模式，設計讓使用者可直接以抓取或操弄等自然控制的介面形式。

二、軟體操作介面（Software interface）

由於科技的快速發展與普及化，電腦軟體在日常生活中的應用已極爲廣泛。軟體介面即是指電腦軟體與使用者間的互動介面，以軟體或微處理器控制應用，可呈現的資訊形態及資訊量可以很大很複雜。以下是三種不同的軟體介面形式：

1. 殼式介面（Shell interface）

這類的介面是利用簡單固定的介面外觀，協助使用者在操作時透過介面上的表單直接選擇所需要的指令，以降低使用者的記憶負荷，快速的完成指令輸入，例如影印機或印表機的液晶面板。

2. 指令介面（Command-driven interface）

必須使用特殊、專業的指令語法才能進行操作，例如以往常見的 DOS 系統或是 Linux 語言，或是現今爲 Microsoft Windows 介面的「命令提示字元」的功能。這類的語言使用者需要大量的學習與記憶才能使用，因此在現今朝向使用者容易使用的介面發展趨勢下，文字指令驅動的介面通常是需要由專業人員的操作。

3. 圖形使用者介面（Graphic user interface,GUI）

近年來追求操作介面人性化，故逐漸走向圖像化顯示來與使用者互動，目前最廣泛使用於電腦人機介面。GUI 由四個主要的部份所構成：視窗（Windows）、圖示（Icons）、選單（Menu）以及指標器或滑鼠（Pointer），簡稱 WIMP。微軟（Microsoft）的視窗作業系統（Windows）或是蘋果（Apple）的麥金塔作業系統（Mac OS）都是典型的 GUI。

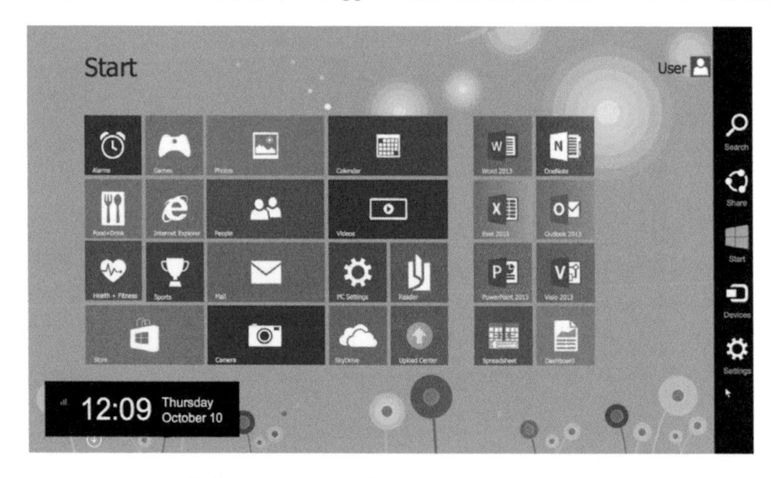

▲ 圖 4-2　視窗軟體操作介面為此世代的主流

▲ 圖 4-3　多點觸控的應用範疇遠勝於實體介面

三、觸控操作介面（Touch interface）

觸控電腦、智慧型手機、平板電腦與數位相機等已是現代人的基本配備，隨著觸控面板的技術精進、製造成本與價格下降的趨勢，其應用於各項電子產品的情形日漸廣泛。介面將軟體與操作結合在觸控面板上，因之產生層級頁面讓介面結構具有相當大的彈性，其可處理的訊息量遠勝於實體介面。

四、自然使用者介面（Natural user interface）

此為使用者與電腦之間自然的溝通方式。自然使用者介面包含日常生活中常會用到的手勢語言、表情語言或文字語言等。自然語言介面的目的在於讓人機互動的模式更貼近人的自然行為，使操作更有效率且不需要學習與記憶，符合自然的日常溝通方式。例如 Amazon 的語言助理 Alexa 就是直接以對話語言的介面形式與使用者互動。

▲ 圖 4-4　自然的手勢可為驅動介面的指令

▲ 圖 4-5　實境技術逐漸應用於不同的專業領域與用途

五、其他操作介面

隨著感測技術與新型態的使用者介面不斷發展，加上人的不同感覺器官具有相異的特質，結合不同操作模式的介面形式已然是趨勢，整體的操作方式朝向更加直覺與方便的面向，近年來 3D 虛擬實境（VR）操作介面、擴增實境（AR）操作介面以及結合兩者的混合實境（MR）都是方興未艾的形式。

4-2 介面使用者經驗元件與設計流程

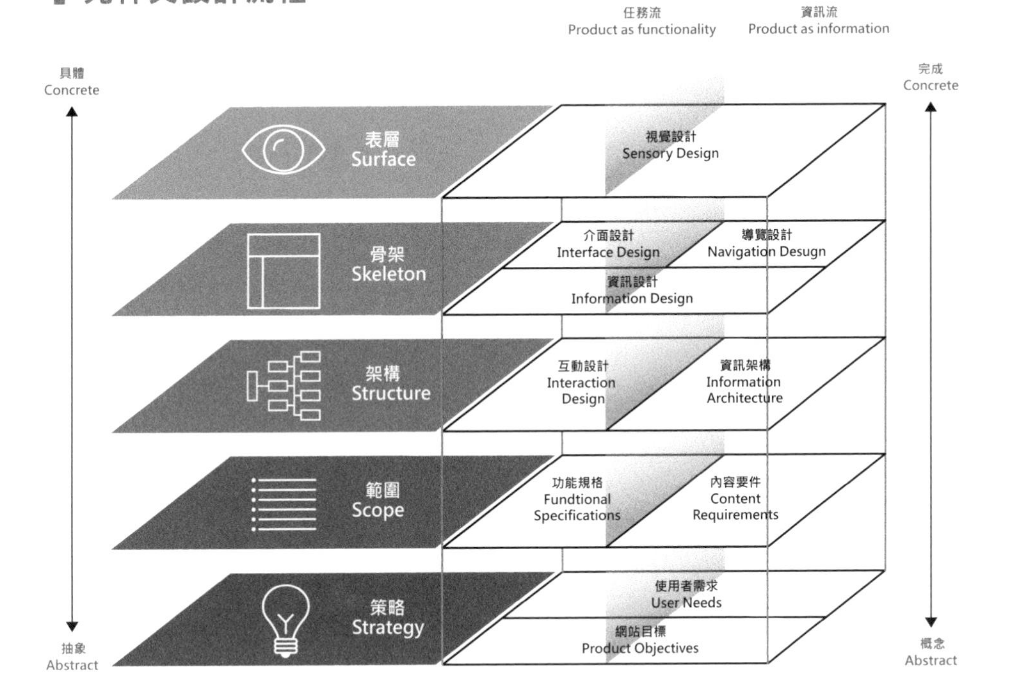

▲ 圖 4-6 Jesse James Garret（2000）網站使用者經驗組成要素的五個層級

說到介面的使用者經驗設計，就一定得從 2000 年傑西 ・ 詹姆士 ・ 賈瑞特（Jesse James Garrett）所著的《使用者體驗的組成要素》（The Elements of User Experience）一書談起。把時光隧道拉到那個網路發展從撥接上網逐漸進展到寬頻上網、促使網際網路如火如荼發展的環境背景，由此不難理解當時 Garrett 這本書所談論的使用者經驗一詞背後所代表的意義。當然，使用者經驗一詞在現今的解釋具有更廣、包含性更高的定義，但是當時 Garret 所下的註解，依然影響著在設計網站時所應具有的思考。五個關鍵的組成要素：觀念上從抽象（Abstract）到具象（Concrete）依序分別是策略（Strategy）、範圍（Scope）、架構（Structure）、骨架（Skeleton）、表層（Surface）。

一、策略（Strategy）

網站可謂是企業/公司在沒有任何銷售或客服人員直接接洽的狀況下，與顧客或使用者之間無聲的對話口，因此，經營者必須先釐清網站設置的目的與其所欲扮演的角色爲何，設定網站的使用者想透過網站獲得什麼資訊、或可以進行什麼樣的交易，藉由使用者需求的研究以及企業目標訂定網站的策略，如企業形象網站或具有金流的購物網站等。

二、範圍（Scope）

網站內容所欲涵蓋的範圍便是來自於策略的訂定。有了網站經營的目標，接下來就是定義網站應該提供給使用者的功能、內容以及特色。例如購物網站就應該提供產品的詳細說明以及使用者可以交易的平臺與系統；非營利性的學校網站則是提供給不一樣的使用者（教職員、學生、訪客）不同的功能設定等。在實務界經常以產品的規格（Spec.）來統稱之。

三、架構（Structure）

基本網站應具備的功能定下來以後，接續便是確定網站的架構。這部分包含了安排網站內容應建立的層級，以及使用者如何在不同的網頁內來去自如，也就是所謂的資訊架構（Information architecture）以及互動設計（Interaction design）。因此在這個面向所有網站所提供的資訊都必須能被妥善的安置在適當的頁面，如圖 4-7。一般來說實務界泛指網站地圖（Sitemap）或是選單樹（Menutree）的建立，進而掌握使用者與介面之間的互動流程（Flow）。

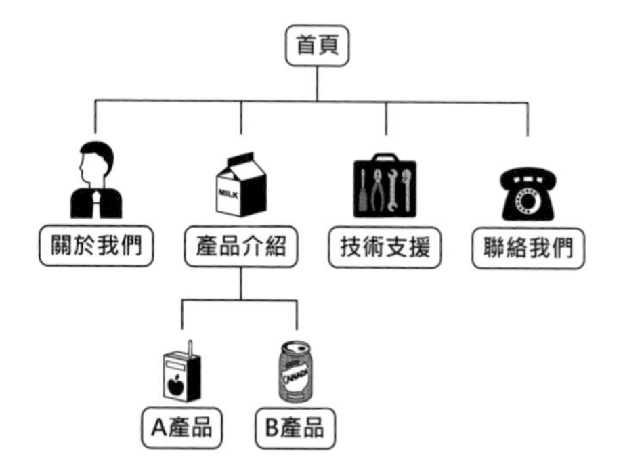

▲ 圖 4-7　網站地圖呈現整個資料的架構

四、骨架（Skeleton）

骨架的形成便是將前述的網站架構具象化。網站的骨架，包含按鍵、點選控制、動靜態圖片、文字方塊以及搜尋元件等，都必須妥善的被安置在所有頁面上，如圖 4-8，也就是要能讓使用者的操作達到最大的效能與效率，在這個階段就是進行介面設計以及導覽設計（Navigation design）的工作。用人的手掌來比喻，每一節骨骼如同一個網頁的單一元件，大小、長度以及形狀都被巧妙的連結，以讓我們使用適當的方式來完成不同的動作行為。在實務界網頁的骨架常被以線框圖（Wireframe）的方式來呈現，線框圖的繪製便是有助於了解網站各個頁面上各式元件的安排，以及需有哪些元件以助於完成使用者的任務操作。

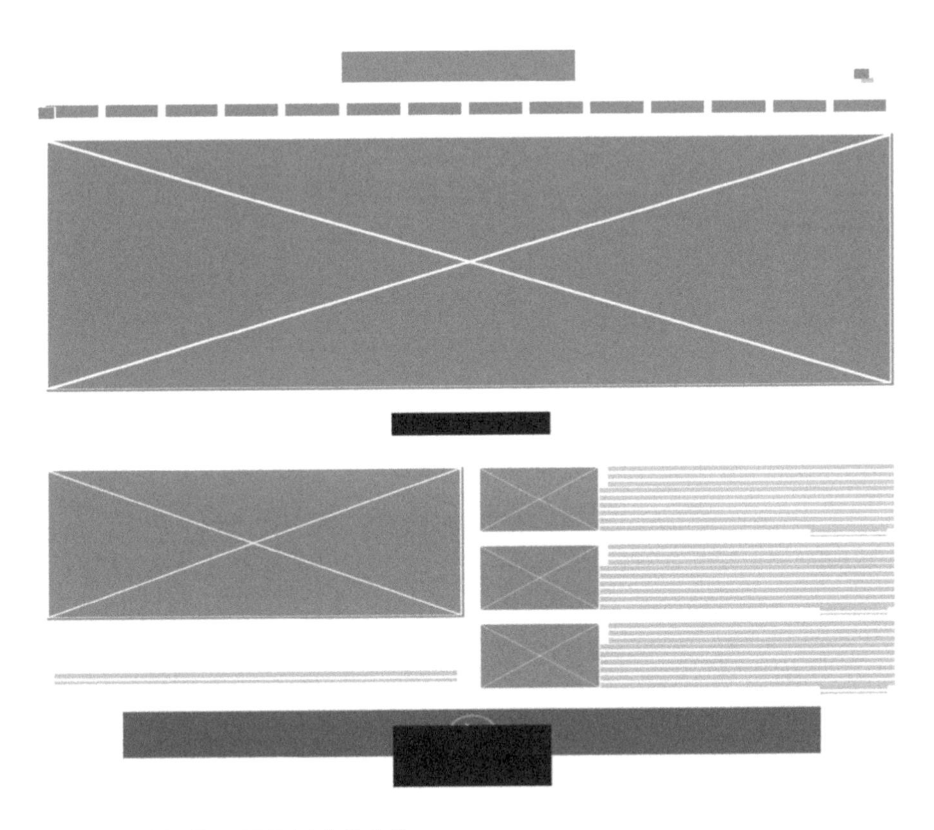

▲ 圖 4-8　線框圖呈現頁面元件的安排

五、表層（Surface）

蓋在骨骼上面的自然就是皮膚了。平常我們所瀏覽的網頁上所有的圖片與文字都是所謂的表層元件。當然這不是只有簡單的繪圖工作而已，有些圖像或文字可以被點選、有些只是靜態的圖形或色塊，有些則是具有隱喻操作方法的動態顯示元素，這些都必須藉由設計師透過對於使用者感官認知的了解進行設計，也就是我們前面所說的圖形使用者介面設計（GUI）。

除了 Garrett 針對使用者經驗與設計所提出必備的五個層級，彼得 ・ 莫維爾（Peter Morville）暨 2002 年他所提出的資訊架構理論之後，進一步在 2004 年以一個使用者經驗蜂巢形模式（User Experience Honeycomb）說明使用者經驗所應具備的面向，如圖 4-9。他認爲良好的使用者經驗應該是有用的（Useful）、容易使用的（Usable）、能引發使用慾望的（Desirable）、能找得到的（Findable）、通用友善的（Accessible）、可靠的（Reliable）以及有價值的（Valuable）。以下是他所提出的相關論點。

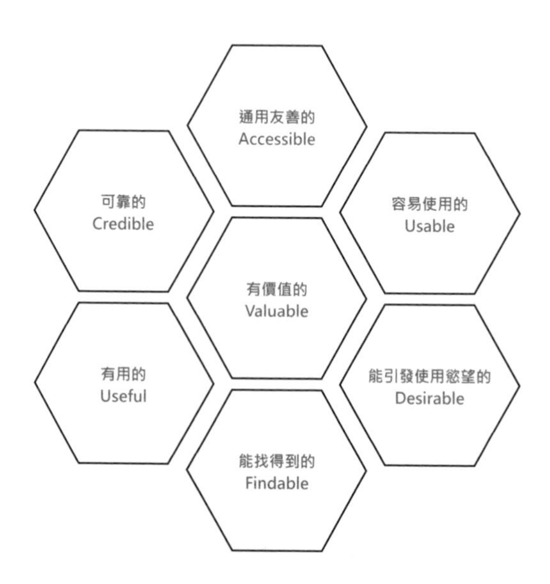

▲ 圖 4-9　Peter Morville（2002）提出的使用者經驗蜂巢形模式

1. 通用友善的（Accessible）

在建築物中設置電梯或斜坡等通用與無障礙設施已經是一個必備的條件。而網站也應當對於有使用障礙的使用者（大約佔 10% 的一般使用族群）來說是友善的。以現階段而言這多半止於貼心的以及道德上的考量，然而隨著數位時代的進化，相信這將會變成法律所規範的部分。

2. 容易使用的（Usable）

容易使用始終都是非常重要的。但若僅以介面為中心的方法以及只從人機互動的觀點來探討網站設計的話是無法滿足所有的面向，也就是說，使用性（Usability）的考量確是必須的，惟僅限於此的話並不足以涵蓋使用者經驗的全面性。

3. 能引發使用慾望的（Desirable）

網站的使用要能夠具有效率的同時，設計師也要能夠讓使用者感受到網站所提供的圖片、企業識別、品牌以及其他考量情感面向設計所產生的價值與力量。

4. 能找得到的（Findable）

使用者在網站中多半都在執行搜尋的動作。因此設計師必須竭盡所能讓使用者在網站中可以搜尋並順利的找到他們所需要的資訊。

5. 有用的（Useful）

身為實務工作者應積極的發揮勇氣與創意去探查產品與系統是否對於使用者來說是有用的，進而運用多方的知識與方法加以定義創新的解決方案，使其對使用者來說能更為有用。

6. 可靠的（Credible）

網站使用過程中觸及到個人隱私資料的現象日益普遍，如此使用者對於網站的信任感便十分重要。因此設計師應了解與應用使用者信賴的元素，否則會影響使用者造訪與進行商業行為的意願。

7. 有價值的（Valuable）

網站的核心目標當然就是要能為公司企業創造價值，這價值可能是商業性與非商業性的。以非商業性的面向來說，就是要讓使用者能夠完成他們造訪網站的任務與產生良好的使用經驗；就商業性的角度而言，則必須要能夠達成公司企業設置網站所期望達成的效益並增進顧客的滿意度。

4-3 使用者介面設計程序與方法應用

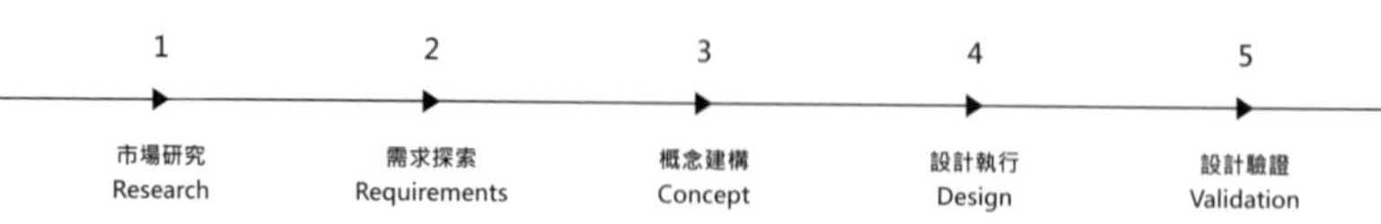

▲ 圖 4-10 使用者經驗設計週期（Vera Brannen, 2010），介面的使用者經驗必須經過五個設計程序與方法，所獲得的結果透過市場的驗證再形成下一個迴圈。

市場研究（Research）

傳統上產品開發始於市場研究透過行銷分析定義產品類別。因此首要任務便是了解市場趨勢，且對於企業在市場上的競爭力進行分析比較與實地研究，以明確定位企業的角色與市場目標。

需求探索（Requirements）

更精準的資訊必須要在這個階段進行搜集，以確定各個面向的需求。執行面包含實地研究、使用者調研、利害關係人訪談等。藉此才能讓不同層級的需求得以成形。

概念建構（Concept）

有了確切的需求就有明確的設計目標與產品定義，概念得以進行發展。這個階段，可以運用不同的概念產生方法，包含人物誌與情境故事、介面的資訊架構與流程設計等，當然也包含了在概念篩選過程中可能進行的初步原型評估。

設計執行（Design）

設計的成形有不同的途徑，無論是在使用者的情感、品牌的精神或全人的能力，都必須透過適當的方法執行加以完成。設計階段著重於產品的務實面，所受到的檢視更爲嚴謹，才能確保獲得最佳的設計案，提升市場上成功的機會。

設計驗證（Validation）

在產品上市前，最後的設計確認必須被執行，包含專家的檢視、使用者的測試或相關的評估與分析，確認可能的問題已被發現並排除。

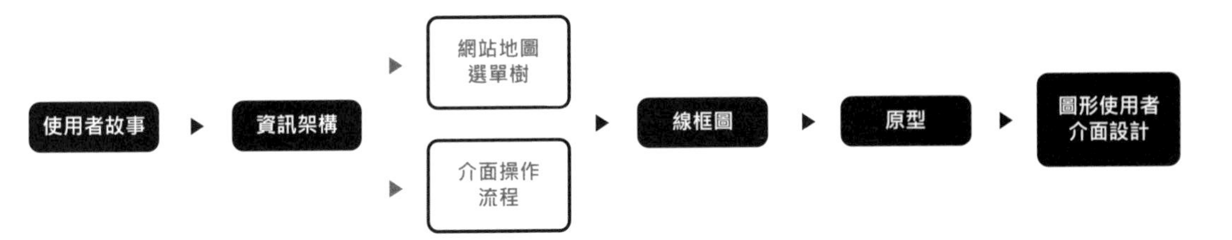

▲ 圖 4-11　使用者介面設計實務流程

一、使用者故事（User Story）

在建構一個網站或是行動裝置應用程式前，首要預想目標使用者會在這個網站或程式中會做什麼事，進而提供有用的功能。再來得先認清各使用者造訪的目的，欲完成的任務自然不同，當然他們需要的功能也會有所差異。例如，來到北科大的網站，在校學生需要的是與學習相關的系統功能，升學的考生會想知道學校有哪些科系，企業人士則可能想獲得求才或應徵的訊息。

這時候使用者故事（User story）就可以發揮它的功用。由使用者的角度出發，透過簡單的需求描述，帶出具有參考價值的設計功能設定。使用者故事本身並不具有技術性的細節，但具有得以讓專案人員了解系統使用者需要完成任務的特性，不同的使用者故事爲：

- **電機系的學生想在網站裡尋找有興趣的外系選修課程**
- **高中生可以在網站裡查詢互動設計系在學什麼課程**
- **教育部的辦事員有辦法查詢教務處正在徵聘行政人員**

由以上三點敘述的例子可明顯看到，電機系學生、高中生和教育部辦事員就是使用者，尋找與查詢即代表了網站可以提供什麼功能，爲了要讓使用者故事能反應出使用族群的眞實需求，可使用兩種有效建構使用者故事的方法與步驟，一個是人物誌法（Personas），另一個則是情境故事法（Scenarios）。

Jannes Bond

細膩又愛自由的設計師

性別: 男
年齡: 45
家庭: 已婚，育有一女
職業: 互動設計師
住居: 新北市

特質

聰明、心思細膩、熱情、不受羈絆、自信

描述

Jannes Bond是一位頗有名氣的設計師，他具有對於週遭環境敏銳的觀察度以及洞察力，不過經常也喜歡冒出驚人的瘋狂想法。這呼應了他對於事情講究的細膩程度，但又經常喜愛挑戰超乎邏輯尺度的自由空間。

科技接受

自身雖然是互動設計師，接觸很多先進技術，但是對於科技了解的動機大多是基於工作上的需求，私底下是在工作之餘完全拋開科技束縛的人，喜歡自然與愛好生命。

品牌偏好

北歐櫥窗、Kenneth Cole、VOLVO、Costco

▲ 圖 4-12　產品設定的人物誌案例

1. 人物誌法（Personas）

Persona 是在產品、介面或服務系統設計的過程中，用來將目標使用者具象化的一種方法。方法起始自 1983 年艾倫 · 庫柏（Alan Cooper）使用於他所進行的電腦程式設計的「超級專案」（Super Project，其後成爲微軟的 Visual Basic 程式）。Cooper 發覺產品設計師對於使用者同理心（User empathy）的重要性並開始著手一連串在假設性產品與人物之間的行動對話。90 年代中期，他開始將「人物」與「故事板」（Storyboard）當作對客戶報告的主角，直到 1995 年正式宣稱人物誌的命名。

人物誌法的運用源於戲劇中的角色描寫（Character description），一個角色要生動靈活，就必須對角色從內而外有完整且詳細的描述，產生角色的中心骨幹和靈魂。因此人物誌便是利用角色描寫的方式，建構出目標使用者的模樣與細節，並以此為根基，設計符合該使用者需求的產品，也就是以使用者為中心（User-centered）的設計方法。

人物誌法的做法就是去描繪每個族群中的一個典型（Typical）人物，建構出一個使用者檔案夾（User profile）。雖然人物是虛構的，但是內容屬性完全是源自於該族群中的不同受訪者特性來綜合敘述。因此在建構人物時必須是在描繪「真實的人」（Real people），讓角色是豐富、多層次的使用者原型（Hollon, 2008）。角色的描寫必須要有外觀、心理、背景、情感態度和個人特色，也就是說，他們不只是數據和資料堆疊出的模糊印象，而是擁有需求、動機、欲望，如同眞人一般的設想人物，設計師才能藉此瞭解產品使用者的情感和行爲，設計出眞正符合他們需求的產品。

因此，應用人物誌法將目標使用者具象化，不謹能夠讓設計師心中存在有具體的設計方向，也能讓專案的團隊成員對目標使用者產生共識。圖 4-12 便是一個人物誌設定的案例，並非單純只描述人的背景變項，更應針對目標使用者的人格特質，特別是那些可能與產品或服務系統可能有關聯性的部分進行設定與描述，才能算是有用的人物誌。

2. 情境故事法（Scenarios）

情境故事法通常有電影腳本（Screenplay）、劇情概要（Outlines of a play）、拍攝腳本（Shooting script）的意思，但在設計的應用上，Nardi（1992）做了簡單的定義：單一的使用者（An individual user）在一個特定的環境下（Under specific circumstances）與特定的電腦設備互動（Interacting with a specific set of computer facilities），且在一段特定的時間內（Over a certain time interval）達成一個特定的目標（To achieve a specific outcome）的綜合性描述，所以情境故事法最早是應用於互動設計上。

進一步來說明，情境故事法是在產品開發過程中，透過一個想像的故事，包括使用者的特性、事件、產品與環境的關係，模擬未來產品的使用情境，探討分析人與產品之間的互動關係。過程中是以視覺化及實際體驗的方式來引導參與設計開發的人員，從使用者使用情境的角度來發掘產品構想，同時檢驗產品的構想是否符合使用者潛在的需求，因此情境故事法是以「使用者爲中心」的設計方法。

在情境故事法的操作上，必須注意的是要能將一連串的事件或動作（Events or actions）依時間順序排列，使其在整體上變得有意義且合乎邏輯，並以敘事形式（Narrative）對活動做具體的描述。所以故事內容須以圖畫、照片、影片或模擬的方式加以視覺化，以使人容易了解整個系統的互動關係。這互動關係包含了「人 - 境 - 物 - 活動」的架構，如果對「物」的面貌不清楚，在嘗試描述「人 - 境 - ？ - 活動」時，人們的本能會以過去經歷「物」的經驗放入故事中，以補足缺少的資訊架構，因此會慢慢呈現出「？」的可能面貌，如圖 4-13 所示。

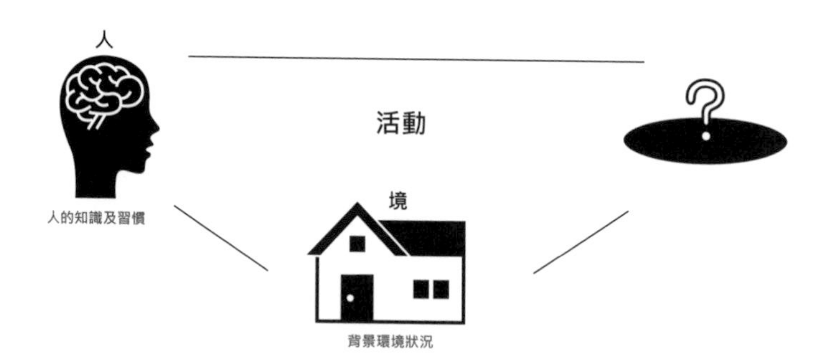

▲ 圖 4-13　人 - 境 - 物 - 活動關係圖應用於情境故事法

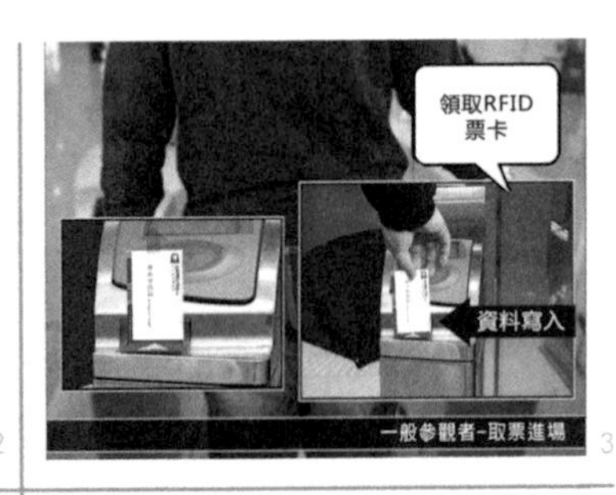

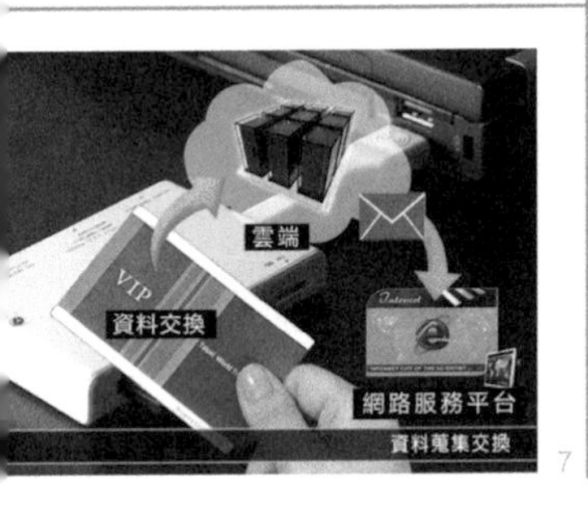

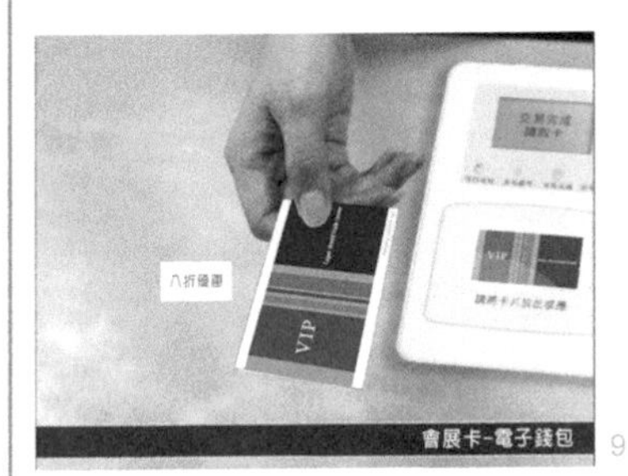

▲ 圖 4-14　透過情境故事法可串連產品應用情境

當然，故事不能隨意編造，而要寫出能導引對於設計有用的資訊，這時候，每個故事所能提出的議題便很重要。撰寫的情境故事不是平平淡淡描述日常生活，故事中要能產生一些議題，包含待解決、有趣、或者有挑戰性的問題或事件。如此才能讓設計師透過虛擬的情境，發揮創意，協助設計師集中意力，聚焦在使用者的需求與產品的系統問題上。最後再讓設計師回到現實世界，實際而具體的評估其可行性，產生具有意義的解決方案。圖 4-14 便是一個情境故事法的視覺化案例。

二、資訊架構（Information Architecture）

有了使用者故事，對於使用者可能執行的任務與功能有了初步的想法以後，接下來就是得要將這些重要的元件組合成一個介面、網站、應用程式或甚至是一個服務系統。然而，這些尚未組織起來的設計資訊事實上仍是混亂的，必須有個架構將它有系統化。在這裡一個重要的概念便是資訊架構（Information Architecture, IA）。IA 是一種架構設計，如同建築一般，讓使用者在數位空間中得以容易使用且找到所需要的功能與資訊。

IA 一詞最早在 1976 年由美國建築師協會主席理查 · 伍爾曼（Richard Saul Wurman）提出，當時他的想法便是希望透過建築理論，將複雜繁瑣的資料變成簡單明瞭、建構清晰的資料結構或地圖。接著在 1998 年路易 · 羅森費爾德（Louis Rosenfeld）與彼得 · 莫維爾（Peter Morville）兩人共同出版《資訊架構學》（Information Architecture for the World Wide Web）一書後，更引起全世界熱烈迴響，其後每年舉辦資訊架構高峰會（IA Summit）探討資訊架構核心概念與發展趨勢，因此資訊架構已是近代數位資訊組織的重要學科之一。

Peter Morville（2002）針對網頁所提出來的資訊架構包含三大部分，如圖 4-15 所示。情境脈絡（Context）包含企業目標、策略、競爭者、資源或可能的限制。內容（Content）則指構成網站的主要元素，例如資料來源、形式、結構、使用的物件。使用者（Users）則需涵蓋其需求、任務、資訊尋求行為與先備知識與經驗。

建構一個好的網站或軟體 IA 最重要的是了解使用者會需要達成什麼目的、完成什麼任務，因此要先進行任務分析（Task analysis），將前述使用者故事所得到的概念，具體的轉化為完整的使用者需求及其所需執行的所有任務。常用的任務分析大致上有兩種：一是階層式任務分析（Hierarchical Task Analysis, HTA）；另一個則是認知任務分析（Cognitive Task Analysis, CTA）。

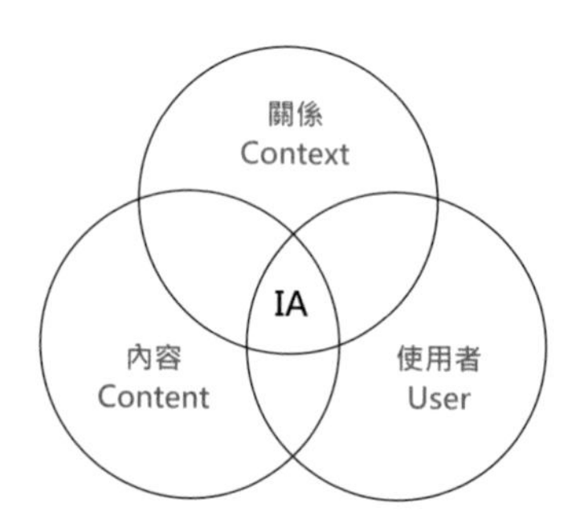

▲ 圖 4-15　資訊架構三大要素（Peter Morville, 2002）

1. 階層式任務分析（Hierarchical Task Analysis, HTA）

HTA 主要著重於將任務進行階層式的分解，適用詳細地描述使用者的操作內容與次序。其作法是將大任務拆解成次任務，並一一進行編號，然後以階層式樹狀結構的方式呈現。舉個常用的例子來說明：現在要拍一張照片並使用 LINE 傳給遠在他鄉的朋友，這看似單純的任務，分解開來如下面階層式的圖，便可以知道會執行到哪些任務，用到什麼功能，進行什麼動作，如圖 4-16。

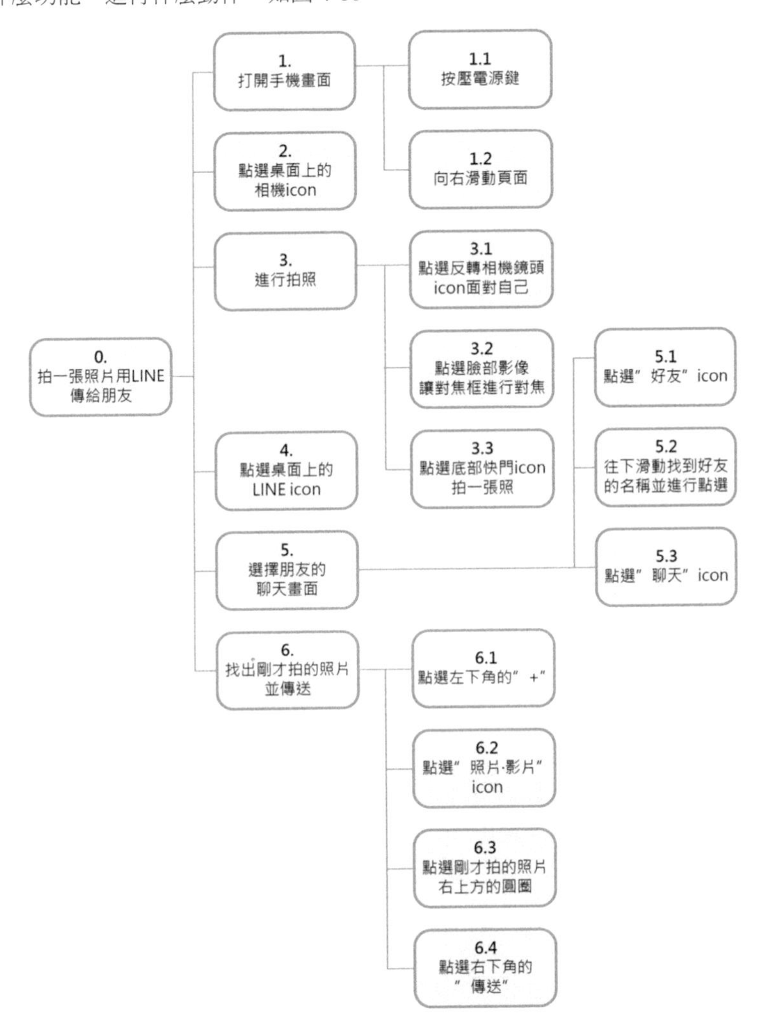

▲ 圖 4-16　階層式任務分析

2. 認知式任務分析（Cognitive Task Analysis, CTA）

CTA 著重於分析與了解執行一個任務所需要進行的問題解決過程、記憶、注意、判斷與決策等認知過程。一個最著名且常用的認知任務分析方法稱為 GOMS，其重點在於分析使用一個特定的產品達成一個目標的認知過程：

- **目標（Goals）：使用者要使用一個系統或產品去做什麼，例如手機打電話。**
- **操作（Operators）：系統能讓使用者採取的行動，例如點擊選單、捲動檔案清單或按下一個鍵等。**
- **方法（Methods）：次任務和操作的順序。次任務比操作高階，需用比較高階抽象的方式描述，例如輸入電話號碼。**
- **選擇規則（Selection rules）：從不同的方法中選擇達成次任務的方法的規則，例如在聯絡人中找電話號碼可以由上往下逐一找尋，也可以輸入姓名的第一個字母進行找尋。**

在介面設計的實務中，我們常用任務操作分析來了解使用者面對系統進行互動時的特性進而輔助設計的執行。其主要內容包含如下：

- **操作任務：使用介面與完成的任務名稱。**
- **操作與建議的操作次序：操作的文法是在同一任務裡每一操作被執行的步驟。**
- **指定的操作：操作所執行或點選的功能。**
- **設計元素：表達每一操作的圖像或文字，或可能的代表元素。**
- **可能的回饋：在每一操作執行之後，介面將會產生何種變化，或顯示出任何回應以告知使用者。**

表 4-1 爲目前常見的車內恆溫空調的任務操作分析，每一個任務項目說明了使用者的目的與所需要執行的動作，並列出可能進行的控制按鍵與視覺顯示，以及使用者收到的系統回饋。表中同時也列出預期使用者可能產生的錯誤。

▼ 表 4-1　任務操作分析實例

任務單元	目的	操作	控制	顯示	回饋	可能的錯誤
1.選擇“恆溫”控制	設定恆溫控制	按壓按鍵	實體按鍵	前一個恆溫控制設定畫面	“嗶”一聲	按錯按鍵
2.選擇“自動”模式	選擇自動恆溫控制	按壓按鍵	實體按鍵	1.前一個自動恆溫控制模式畫面 2.LCD 顯示幕	“嗶”一聲	1.按錯按鍵 2.忽略液晶顯示訊息
3.選擇溫度	增加或降低溫度	1.按壓按鍵 2.決定想要的溫度	實體按鍵	LCD 顯示幕	1.“嗶”一聲 2.LED 顯示幕熄滅	1.按錯按鍵 2.忽略 LCD 顯示訊息

藉由上述對任務的操作分析，並將使用者所需執行的任務作詳細的架構彙整以及執行步驟繪製，即會產出所謂的架構（一般可稱爲 Site map 或是 Menu tree）與流程路徑（也就是 UI flow）。架構的重點在資料的層級關係，路徑的重點則是放在執行任務操作的次序。以下兩節分別簡述之。

網站地圖 / 選單樹（Site map/Menu tree）

網站地圖係指網頁內容列表或架構樹狀圖，基本上就是網頁設計師在規劃一個網站的頁面時對於網站內容的層級式表徵。因此網站地圖提供了頁面與其內容組件之間的關聯性，並呈現出資訊空間的樣貌，讓使用者對於頁面組織、導覽與標示系統有概括性的了解。相同於網站地圖的概念，在應用程式或是軟體介面中，一樣的也會以樹形選單圖來呈現內容資料間的層級關係。如圖 4-17a 是以選單樹呈現，圖 4-17b 則是文字列表的形式。

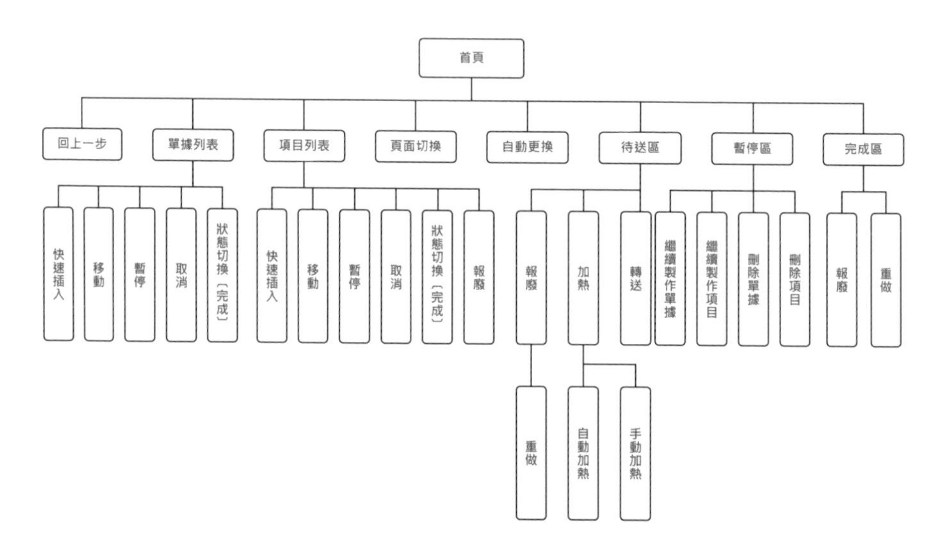

▲ 圖 4-17a　應用程式的選單樹

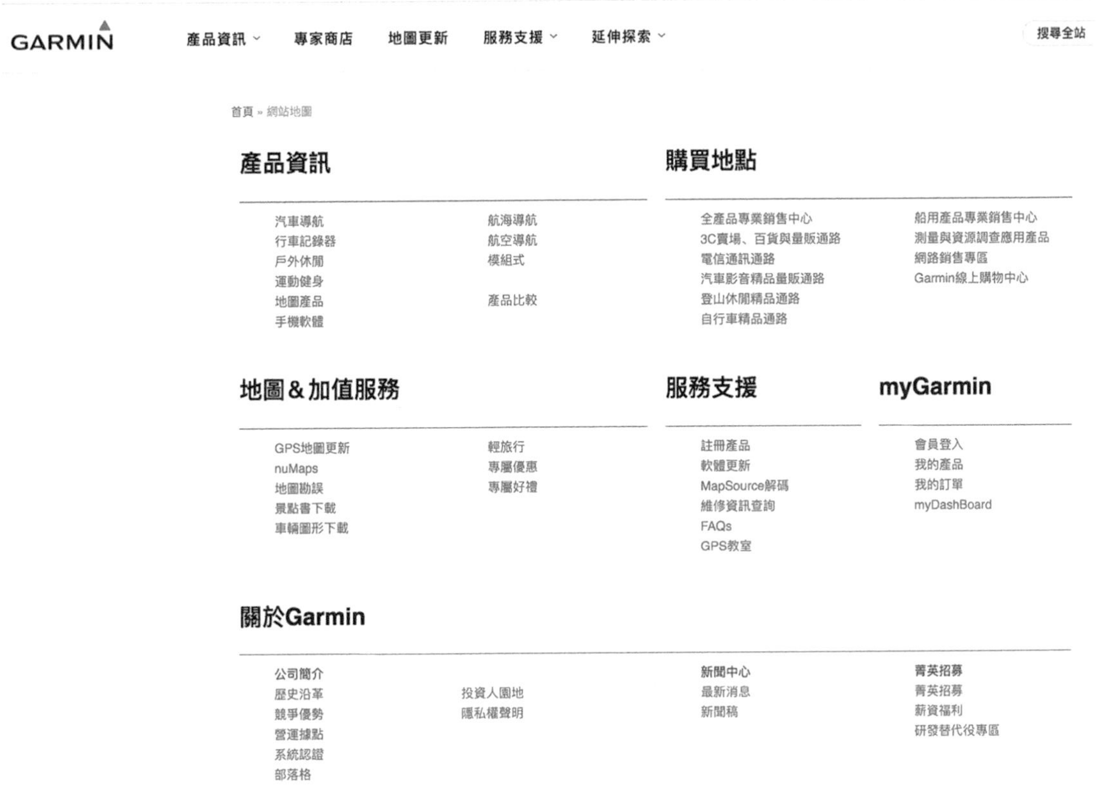

GARMIN 產品資訊 專家商店 地圖更新 服務支援 延伸探索 搜尋全站

首頁 » 網站地圖

產品資訊

汽車導航
行車記錄器
戶外休閒
運動健身
地圖產品
手機軟體
航海導航
航空導航
模組式
產品比較

購買地點

全產品專業銷售中心
3C賣場、百貨與量販通路
電信通訊通路
汽車影音精品量販通路
登山休閒精品通路
自行車精品通路
船用產品專業銷售中心
測量與資源調查應用產品
網路銷售專區
Garmin線上購物中心

地圖 & 加值服務

GPS地圖更新
nuMaps
地圖勘誤
景點書下載
車輛圖形下載
輕旅行
專屬優惠
專屬好禮

服務支援

註冊產品
軟體更新
MapSource解碼
維修資訊查詢
FAQs
GPS教室

myGarmin

會員登入
我的產品
我的訂單
myDashBoard

關於Garmin

公司簡介
歷史沿革
競爭優勢
營運據點
系統認證
部落格
投資人園地
隱私權聲明
新聞中心
最新消息
新聞稿
菁英招募
菁英招募
薪資福利
研發替代役專區

▲ 圖 4-17b　文字列表網站地圖（Garmin 網站）

由上可以得知，無論是網站地圖或是選單樹，一個很重要的概念是，網站或應用程式的內容資訊必須被做有邏輯性的分類，才能讓使用者清楚的了解頁面或層級之間的關係，並對相對位置有所掌控。

卡片排序法（Card sorting）是介面使用者經驗設計中一種常用的技術，基本上就是由與該介面設計不相關的專家或使用者來針對內容進行分類，以產生出具層級架構的資料形式。因此卡片排序法是在網站或其他介面規劃初期應用，藉此獲得有用的使用者資訊。包含了解眞正符合使用者習慣的資訊分類，也能比對網站設計師與使用者在對網站資訊分類上的認知差異以做爲調整架構的依據，同時也能找出項目命名上的問題。

依據不同的需求與問題設定，在設計早期使用的卡片排序適合探索性的研究問題，結合質性或與訪談實施，稱爲開放式卡片排序法（Open cardsorting）；而設計後期的卡片排序則屬於評估性的，適合鎖定特定內容類型或改善分類命名，稱之爲封閉式卡片排序法（Closed cardsorting）。

在開放式卡片排序法中，使用者可以自行建構網站內容的分類名稱，因此不只可以知道他們心中的分類架構，還可探得使用者習慣或偏好的名稱。因此開放式卡片排序法是形成性的（Generative），也就是著重於探索使用者心中對於資料表徵的概念，有助於將概念轉化爲有組織的資訊。封閉式卡片排序法的執行方式則有些許的差異，設計師會事先將定義好的分類名稱發給使用者，使用者再把這些名稱分配到事先所設定好的類別中。此方法有助於了解使用者對於已知分類架構的明確程度，因此其特徵是評估性的（Evaluative），也就是用來協助設計師判斷已訂定好的名稱是否合適。

卡片分類法不僅僅用在對整體資訊的分類上，當發現網站資訊分類的某個部分有問題時，可以針對有問題的部分進行測試以釐清問題所在，因此卡片分類法在必要時可以重複進行，直到將資訊分類上的問題完全解決爲止。在設計實務上，設計師在進行網站設計或應用程式設計時，對於複雜的資訊架構處理，卡片分類法絕對是一個不會耗費過多時間但又有效的方法。

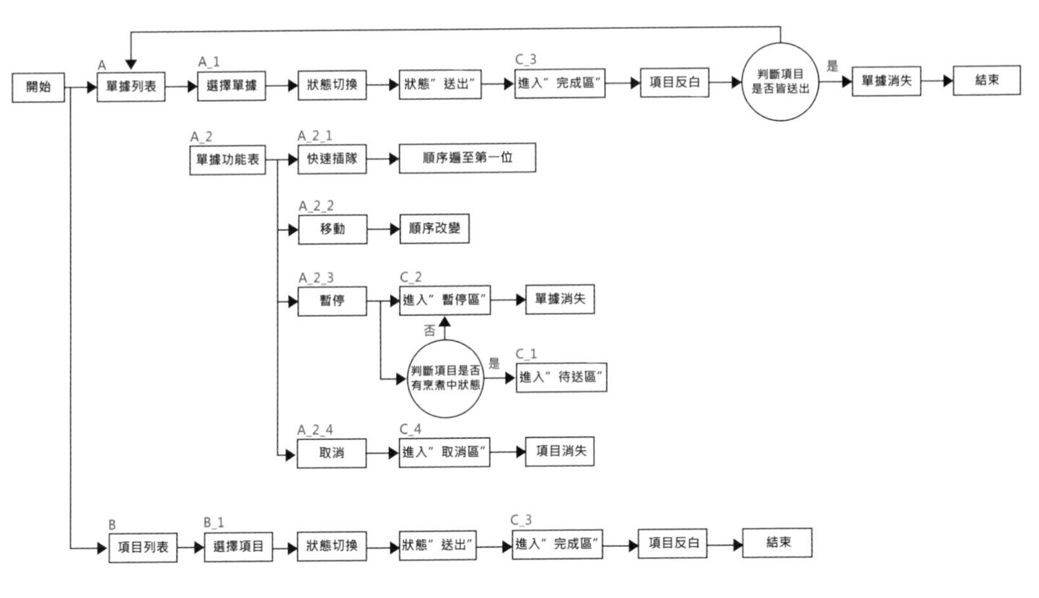

▲ 圖 4-18　UI flow 應包含具有方向性的操作流程

介面操作流程（UI flow）

有了良好的資訊分類架構，以及任務與操作分析確定介面應該提供的功能以及使用者的操作方法後，接下來就是要決定頁面之間的操作動線，也就是使用者的操作流程。換句話說，使用者要完成一項任務，那麼需要經過多少頁面，便是 UI flow 主要談的事。資訊架構人員則依據完成某個任務所需要的頁面數量去串接這些頁面的關係。

由於到目前爲止的階段，設計師手上所握有的都是「文字」去組合出來的說明圖表，尚未有視覺化的介面，因此 UI flow 基本上就是一個「有方向性的文字流程圖」，得先規劃好路徑才能進一步描繪出頁面的樣態（下一步的 Wireframe）。而這個流程圖可以完整交代整個 Sitemap / Menu tree 反映出的所有頁面，如果平行展開的頁面太多，就可以試著加以合併；如果點擊後的頁面數量太多太深，那就需要結合所需頁面讓它更有效率。

因爲是頁面與頁面之間的路徑關係，因此 UI flow 要包含 Sitemap 或 Menu tree 裡面的資訊，也就是將定義好且具有操作性的功能安排到頁面之中。每一個 UI Flow 在各個節點之間都要對應一張 Wireframe，UI Flow 有幾頁 Wireframe 就要有幾頁。爲了確定路徑的連貫性，每個頁面在製作時都會依據層級給予編號，這樣就可以知道有哪些路徑會經過哪些頁面。如圖 4-18 所示。

三、線框圖（Wireframe）

有了前面 Sitemap / Menu tree 定義出系統介面的功能與內容，以及 UI flow 在頁面與頁面之間的互動關聯性，接下來就是要來把這些具有互動性的頁面中的內容與操作細節規劃出來，這就是線框圖（Wireframe）。其包含了介面的資訊架構與層級（導覽與標示設計）、頁面中文字與圖片的規劃（元件編排設計）、以及使用者與其互動的註解（互動設計）等，依此協助使用者完成任務操作。

除了規劃出頁面的資訊架構與細節，Wireframe 另一個很重要的任務就是以之與 GUI 設計師或工程師進行溝通。因此，藉由文字說明讓相關的參與人員知道你的想法是非常重要的。線稿的繪製可以讓人對於頁面結構一目瞭然，但文字說明才能讓人知道所規劃的元件是否有觸發、狀態改變或是其他回饋效果。在軟體專案中許多問題來自於不同專業領域之間的專業知識落差，因此，透過清楚的文字說明才能把觀念溝通清楚，如圖 4-19。

在執行面上，以設計師的角度來說，會先以手稿繪製大致的概念雛形，再以電腦進行 Wireframe 的細節規劃。這樣的好處是，手稿可以讓想法更多元，在版面的設計上可以具有較大的彈性，而以電腦繪製的階段，就是準備好要讓它進入到 Prototype（原型）的階段了。因此也可以說，Wireframe 就是在爲後續的 Prototype 做準備，而如果在專案時程不允許的狀況下，利用原型製作軟體將所有頁面 Wireframe 依照 UI flow 連結起來，便是可以直接進行使用性評估的 Low-fidelity prototype（低擬眞度原型）。接下來就來說明將介面設計的想法付諸實現的最後一哩－原型。

上一步按鈕	工具按鈕	主菜工作區（錯誤訊息）	加總OFF	← 1 / 3 →

序號	項目	狀態 烹煮中	數量	口味
1	酥烤牛小排		1	八分熟,少鹽,加醬
2	普羅旺斯酥香牛膝		2	八分熟
3	台塑牛排佐犢牛肋排		1	七分熟
4	台塑牛排佐犢牛肋排		3	八分熟
5	普羅旺斯酥香牛膝		1	八分熟,加醬,多菜,少鹽,不蔥 半糖,去冰
6	酥烤牛小排		2	八分熟

上一步按鈕	工具按鈕	備援工作區名稱（錯誤訊息）	加總OFF	← 1 / 3 →

序號	項目	狀態	數量	口味
1	酥烤牛小排		1	八分熟,少鹽,加醬
2	普羅旺斯酥香牛膝		2	八分熟
3	台塑牛排佐犢牛肋排		1	七分熟

關閉按鈕

2

1	2	3	4	5	6
7	8	9	0	修正	確認

▲ 圖 4-19　一個有意義的 Wireframe 必須以文字標註功能與操作

四、原型（Prototype）

Buchenau & Fulton Suri（2000）兩位專家指出體驗原型（Experience prototyping）能使設計團隊的成員、設計師和客戶在第一時間獲得產品或介面在未來條件之下經由動態的參與所獲得的感受。應用體驗原型表達三個設計活動中的重要因素，分別為瞭解既存的經驗（Understanding existing experiences）、探索設計構想（Exploring design ideas）以及溝通設計概念（Communication design concepts）。因此，既要能體驗，在介面設計上這個原型就必須要可以進行動態的操作。

由於專案中的利害關係人或是不同的使用者的想法都不盡相同，設計師通常沒有辦法一次想清楚所有與網站設計相關的環節，再加上專案的執行通常都不會有太多的時間，在預算與時間的壓迫下，專案沒有失敗的空間與代價，因此透過 Prototype 來快速的進行使用者測試以儘早發現使用性問題是十分重要的。Prototype 可以將概念具體化，在不需要程式或是視覺設計的狀況下，一個可以操作與測試的動態原型就是驗證良好使用者經驗的最佳方式。

依照原型複雜程度的不同，Prototype 可分為低擬眞度（Low Fidelity）原型與高擬眞度（High Fidelity）原型，兩者之間的差別如圖 4-20。低擬眞度原型主要就是將先前完成的所有頁面的 Wireframe 運用原型製作軟體加以連結與製作成可互動的介面，然而因為只是「線與框」，因此只能讓設計師自己快速的確認是否與想法一致，但無法給予更多的細節，因此要進行使用者測試有其效度上的限制。但高擬眞度原型的功能完整度以及所增加的視覺設計就可以使其效果與最後的設計成果更為接近，但其缺點即是較耗費時間。

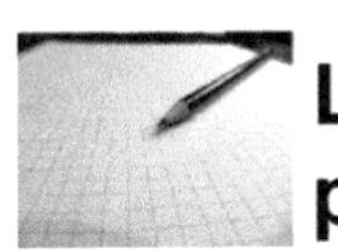

EX. Wireframe	EX. Mockup
優點： • 快速確認需求 • 成本相對低廉 • 可做成簡單的互動	優點： • 完全功能性，清楚且精確 • 互動性高 • 看起來和最終成果相當相似
缺點： • 較少規範細節 • 對使用者測試較受限制	缺點： • 花非常多（或過多）時間創造 • 原型可能高估期望

▲ 圖 4-20　低擬真度與高擬真度原型之比較（悠識數位，2013）

高擬眞度的原型，一般來說即是套用視覺設計，即具有 GUI 的可操作原型，通常在業界會稱爲視覺稿（Mockup），其目的就是做爲測試和驗證。由於有了視覺設計，使用者在操作上會認爲其如同眞實的介面，在測試時設計師可以藉此觀察其行爲並察覺使用性問題，對於工程師來說則能夠在套完程式後加以比對設計是否可行。

在原型製作的軟體上過去常使用 Adobe 的 Flash ActionScript，但近年來已逐漸減少，在業界較爲有名與通用的爲 Axure RP，近期版本皆可進行網頁與行動裝置上的原型製作支援。除此之外，市面上更有許多原型製作軟體是專爲行動裝置應用程式而設計，且不斷的推陳出新。謹記的原則是，原型製作的目的在於提前知曉使用者的行爲是否與設計師的預期一致，能夠越早察覺問題與修正，便能夠減少網頁或應用程式帶給使用者的反感，減少失敗的代價。

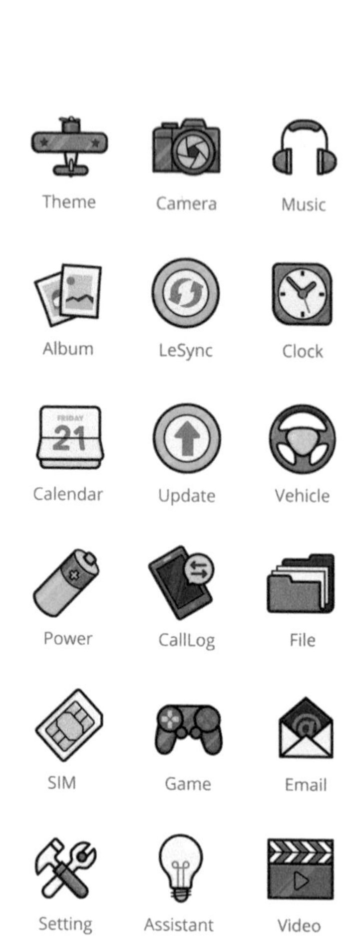

▲ 圖 4-21　不同隱喻方式的圖像設計

五、圖形使用者介面設計（GUI Design）

前述主要都與介面設計的資訊架構有關，在這個部分則是設計師展現自己視覺設計功力的主軸：GUI 圖形使用者介面（Graphic user interface）設計。因此，GUI 是所謂的「look-and-feel 介面」，讓使用者看到介面之後就可靠直覺進行操作，不需任何記憶與指令，近而縮短學習時間並減少操作錯誤的可能性。

GUI 允許使用者藉由使用指向裝置來敲擊、拖拉及按壓視窗上的圖形物件來控制電腦，其設計應具有的元件包括按鈕（Button）、標記（Label）、選項（Checkbox）、選單（Choice）、清單（List）、文字欄（Text field）、文字區（Text area）、捲軸（Scrollbar）、功能表（Menu）等。而依照 Wireframe 將所有元件進行版面配置設計（Layout），使其依照使用者期望的方式顯示更是 GUI 設計最重要的部分。

GUI 是視覺導向的設計，不使用複雜的指令，而是利用圖像來隱喻（Metaphor）物件如圖 4-21。一般來說設計隱喻可以分為外形上、功能上以及結構上的隱喻，可幫助使用者在面對螢幕上的物件時，能依照過去的經驗很快地進入環境。有符合使用者認知的隱喻能幫助使用者在資訊搜尋時花費較少瀏覽時間與路徑、達到較低的錯誤率、並有較佳的使用滿意度。此外，在學習新系統上能幫助使用者於較短時間內達到一定的學習效率，也就是產生較短的學習曲線。隱喻的部分可以透過「符號學」（Semiotics）的認識做進一步的了解。

以下列出 Laurel（1990）提出的 GUI 設計原則共八項：

1. 使用者導向設計（User-oriented design）

一個資訊系統的介面是以使用者的使用環境為依歸。

2. 統一性（Uniformity）

是指使用者介面在各個畫面設計上，就整體而言應有相同或類似的風格。

3. 一致性（Consistency）

一致性是指一個使用者介面所使用的詞彙、圖示、選取方式、顏色甚至交談順序都需前後一致。

4. 輔助訊息（Help Information）

線上輔助、動態提示、警告訊息都是屬於輔助訊息。

5. 即時回饋（Immediate feedback）

隨時告知使用者系統的操作狀況與重要資料的變化處理。

6. 圖形表達（Graphic capabilities）

可以使資訊的表達方式上更富變化及吸引力。

7. 多重觀點（Multiple views）

指使用者介面在顯示某一特定訊息時，提供多種的表達方式來顯示該資訊。

8. 重做及回復（Undo and redo）

允許使用者在不小心發出一項指令後可以即時消除該指令之結果並回到先前的狀態。

另外，對於GUI設計師很重要、但卻容易被忽視的一個工具是Moodboard，中文稱心情看板。其做法類似於意象看板（Image Board），意即把許多具有相同性質的圖片或資訊集中在一個版面上作編排與延伸發想，用以強調某一主題意象。此做法可以捕捉產品的目標使用族群的生活型態，藉此呈現產品可能的價值感以及其目標意象，做爲在進行設計概念發展時的輔助工具。而Moodboard也是一樣，在界定清楚網頁或應用程式的目標市場及族群後，設計師經由對使用對象與產品認知的色彩、影像、數位資產或其他材料進行收集，產生某些具有情緒的定義，做爲設計方向與形式的參考。設計師可運用它來檢視色彩、樣式，並據以說服其他人之所以如此設計的理由。

Moodboard所要表達的是產品或介面所呈現的價值，用以吸引具有此一生活型態特點的族群。產品或介面所表現的心情是目標族群第一眼看見時所產生的情感、感覺或情緒，因此一個好的心情看板會以各種圖像去抓住這種感覺，但不會提及產品的某些功能或特點。其做法是：

- **蒐集一組可以形容產品或介面的關鍵字，例如清爽、專業、有趣、活力；通常是萃取自與品牌、行銷或產品介面元素相關的統計數據，產生的方法則可以使用腦力激盪法（brainstorming）。**
- **使用視覺圖像呈現生活風格、情感或行動。圖像可取自雜誌、圖庫、型錄或田野調查時拍的照片等。**
- **使用色票（表）或印表機印出色塊，亦可剪照片中的顏色來展示色彩組合，這對於介面設計在設定主色調、輔助色與點綴色時尤其重要。**
- **手工拼貼編排或是在電腦中合成或列印成大尺寸版面進行展示。**

設計理念：

整體色調以穩定、簡單並乾淨的色調，來表達產品的專業、讓使用者感覺安心與舒適。
並利用活潑鮮艷的色調與圖示，讓整體專業又不會過於拘謹，穩定又充滿元氣，
讓家中各個年齡層的使用者都能在使用上感到安心、愉悅。

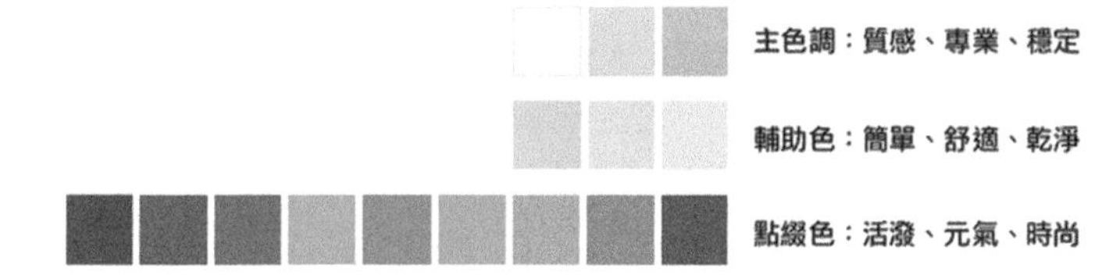

▲ 圖 4-22　運用 Moodboard 定義介面使用的顏色

使用 Moodboard 對於設計師來說有許多好處，除了能夠在設計的早期得以概觀產品的個性與全貌以外，最重要的是能在產品開發的過程中，讓專案小組成員凝聚對於產品視覺感官的共識，以較高層次的方式決定主要的產品調性，大家都同意了以後便能有共同的目標，減少日後的反覆修改，節省時間成本且符合預期。因此在以 Personas 探索使用者的內涵後，便能以 Moodboard 塑造產品或介面的性格，明確的定義出使用的色彩，確定產品或介面的風格，如圖 4-22。

互動設計 VS. 展示科技：互動展示科技的無限魅力

Part 3

Chapter 5

應用性展演設計分析與研究

5-1 應用性展演設計之意義

展演觀念雖是新的思維，但卻已存在著不同的形式，有藝術展演、空間演出、環境劇場、商品促銷秀、實驗劇場、公共藝術、商業舞臺、選擇舞臺等，皆是多樣化展演精神的表現。展演設計儼然成爲一項重要的課題，分別由不同專業背景的人士一同規劃與設計，成爲創造資本、增加獲利的另外一種出路。

從展演的形式來討論「展演」一詞的意義。展演活動就其形態可分爲主題的靜態演出與動態演出。靜態演出的部分以環境、空間、裝置爲主；動態演出則以人、音樂、劇情主題爲主。

「展演」精神都是由創作者去體會環境、了解觀衆與消費者，進而與大衆互

▲ 圖 5-1　《身體構圖 II》互動裝置．創作者：詹嘉華．程式設計：李家祥
聲響設計：邱嬿淳

動，包括過程的互動、創作的互動與設置前後的互動。當展演藝術行爲與商業結合後，便成爲「應用藝術」，應用範圍有居住空間、商業空間、商品展示、政治文化等，應用性的展演設計如雨後春筍的發展與多樣化。另外在博物館、畫廊等純藝術的展示場所也逐漸的注入展演的行爲概念。

新型態的展覽具有超越空間向度的特質，它開創科技應用於展示設計中，帶給觀衆的全新視角和體驗，這是與傳統展示型態最大的差異。在此新媒體藝術展演科技與觀衆研究的架構下，本章節將介紹互動科技展演的相關技術以及新媒體藝術於商業展演的應用。

5-2
展演設計技術介紹

擴增實境（Augmented Reality,AR）

AR 三大要素

1997 年北卡大學羅納德·阿祖瑪（Ronald T. Azuma）對於擴增實境技術（Augmented Reality, AR）提出的三個要素

- **結合虛擬與現實（Combines real and virtual）**
- **即時互動（Interactive in real time）**
- **3D 定位（Registered in 3D）**

AR 技術

此技術為一種藉由電腦產生加強使用者感知訊息的技術，把虛擬的資訊加到使用者電腦顯示器產品中，關鍵在於如何將擴增物件與現實環境結合。由一個網路攝影機、3D 模型及現實影像組成，網路攝影機連接電腦或是行動裝置，將拍攝的影像傳送至電腦端，讀取電腦或行動裝置中的虛擬標籤，並即時投射出 3D 模型與現實影像重疊。（Uematsu,Y.&Saito.H, 2007）。

大多數的 AR 研究都集中在「透視」裝置，把圖像和文字加到使用者所觀看的畫面上。AR 系統會辨識位置與方向，好讓虛擬影像能完整的重疊在畫面裡的現實世界。AR 系統採用部分和虛擬實境（Virtual reality,VR）相同的硬體技術，但其中有一項根本的差異：VR 企圖取代真實的世界，而 AR 卻是在實境上擴增資訊。（Steven K. Feiner, 2002）

AR 應用

而現今擴增實境技術已廣泛應用於各大層面，不論醫療、娛樂、硬體安裝或維修、產品行銷、定位導航或是大型展演中的實例不勝枚舉。

■ 醫療

針對醫療領域的研究，將擴增實境技術運用於手術中，可得知手術的精確位置，讓手術過程更加順利成功，亦可藉由此技術清楚說明手術的流程。

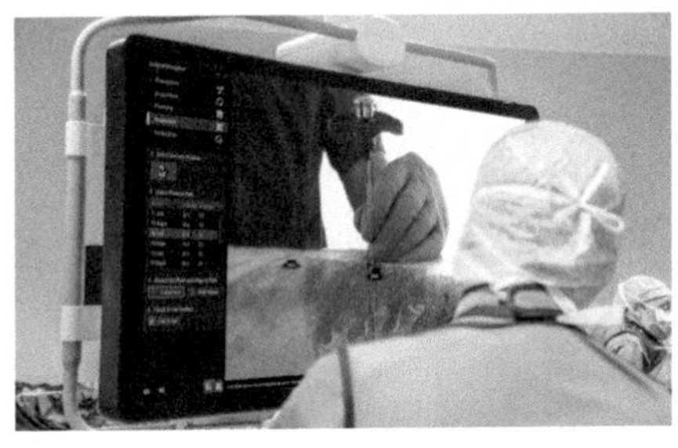

▲ 圖 5-2　應用於人體脊椎手術

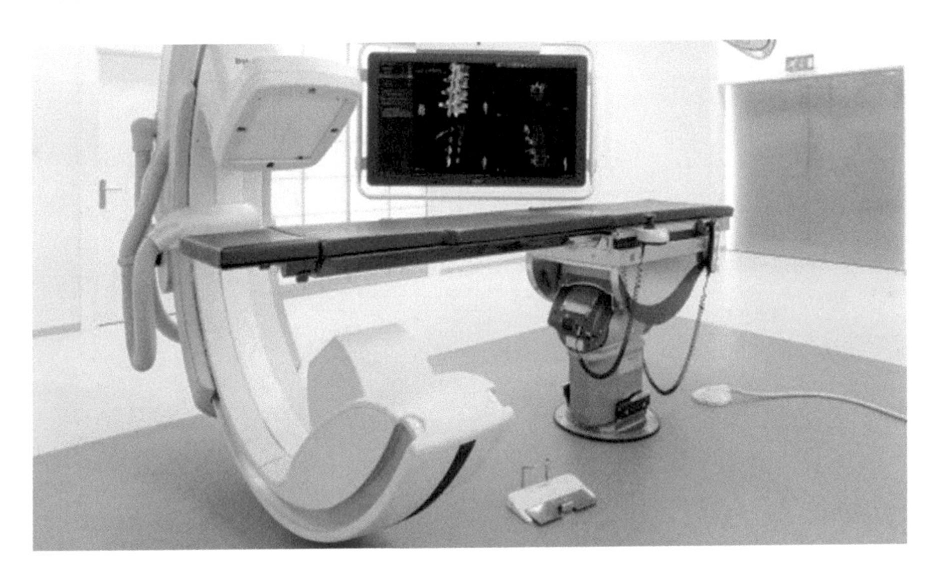

▲ 圖 5-3　飛利浦開發 AR 技術產品行銷

在日本，結合行動裝置與擴增實境的「SmartAR」技術，讓消費者快速瀏覽咖啡館的菜單與資訊。透過攝影機鏡頭與 3D 模型，將擴增實境技術應用於娛樂與教育中。

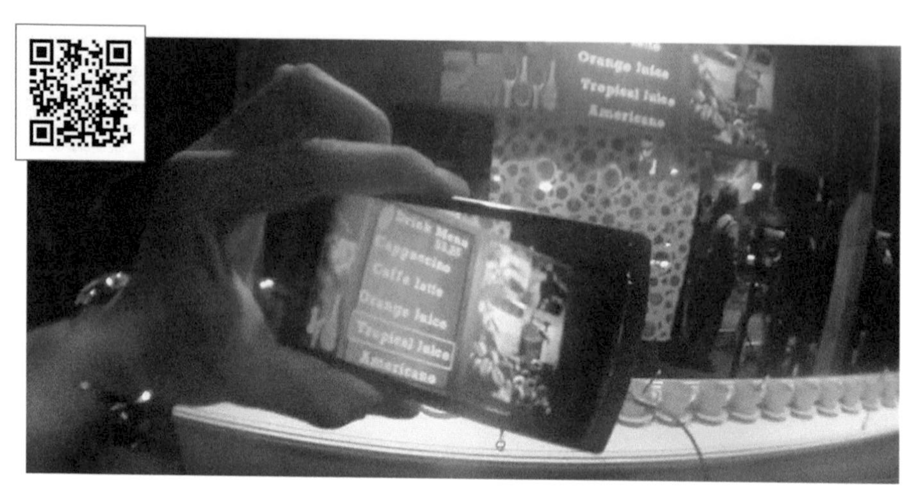

▲ 圖 5-4　SONY 智慧型手機 AR 技術 QR 影片

▲ 圖 5-5　樂高積木 AR 教材 QR 影片

■ 娛樂

2007年 Yuko Uesmatsu 及 Hideo Saito 運用 AR 擴增實境技術，開發保齡球系統，運用實際球體的幾何關係、虛擬標籤，結合球道追蹤及球體碰撞偵測等技術，開發一款可輕易於生活中實現的系統。（Uematsu,Y.&Saito,H.2007）

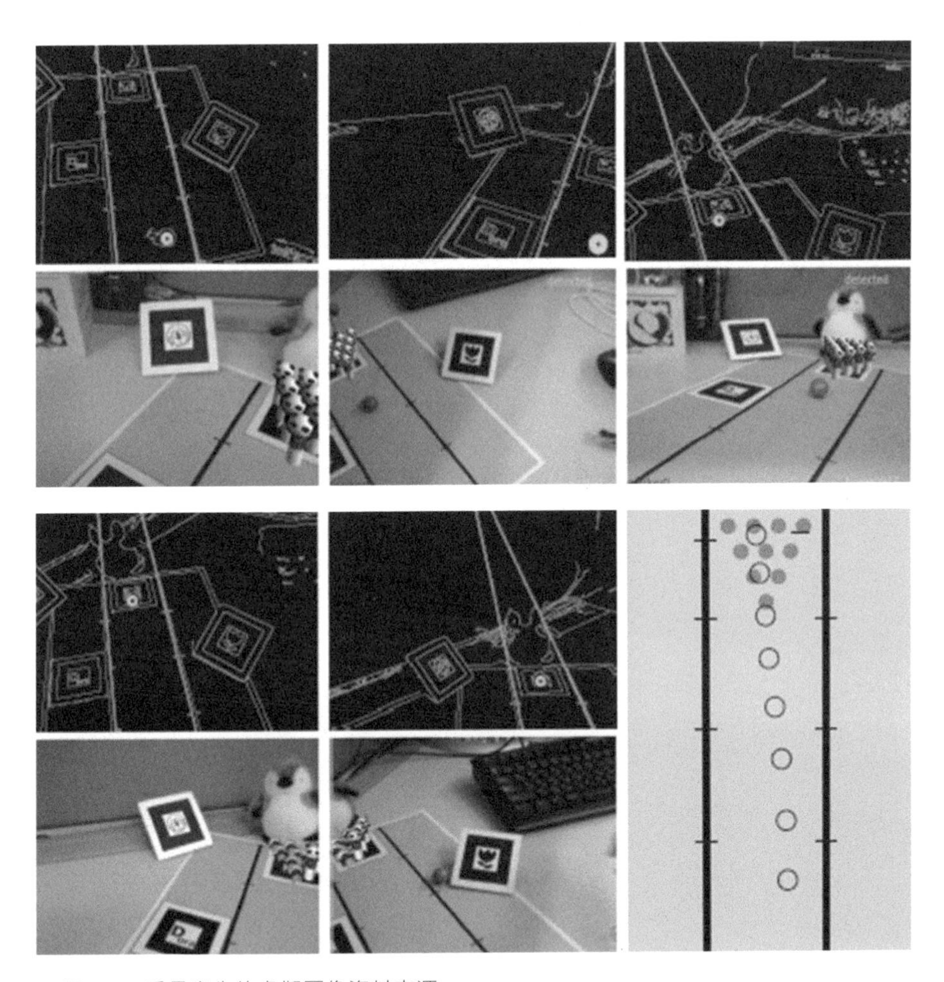

▲ 圖 5-6　重疊產生的虛擬圖像資料來源

■ 展覽

The Golden Capital of SICAN ▲ 圖 5-7 黃金面具展覽的現場氣氛

在《The Golden Capital of SICAN》的黃金面具展覽裡，其中最吸引參觀者的項目非 3D 影院莫屬，該影院運用了擴增實境技術來呈現古代文物的狀況，當參觀者配戴 3D 眼鏡時，即可清楚看到 3D 模型所產生的虛擬圖像。而展覽中的虛擬櫥窗系統，為一個使用半透明反射鏡桌面式展覽系統呈現。

▲ 圖 5-8 虛擬畫花瓶

藝域漫遊－
郎世寧新媒體藝術展

國立故宮博物院與香港城市大學合作，共同推出「藝域漫遊 - 郎世寧新媒體藝術展」結合郎世寧存世珍貴畫作、新媒體藝術，及互動裝置，展現清朝宮廷畫家郎世寧的傑作。展覽以虛實並存的手法，將原作摹本及新媒體藝術作品共同展出，結合東西方美學提供嶄新欣賞及詮釋角度。

2011 年李怡寬針對擴增實境技術，根據技術的應用類型及其使用方式，將其概分爲四類，包含視覺型、固定視覺型、空間定位型、非對應型。

一、視覺型

爲 AR 技術最初的定義，可以準確分辨萬物，等於是雲端大腦系統的「眼睛」，目前通常還需「圖像」做爲辨識基礎，但已經有技術團隊能做到不需要圖像直接辨認「物體」。

二、固定視覺型

採用「拍照」方式而非即時影像，目前多應用於「圖像搜尋」或「室內設計」，雖可做到「簡易 AR」，但因爲不是即時影像所以無法融入自然使用情境，但也因爲成本較低，在室內設計模擬仍有很大發展空間。

三、空間定位型

目前多應用於手機的「街景導覽」，但雲端大腦無法用「眼睛」分辨店面招牌、櫥窗、店內陳設、商品、標籤等物品的差別，故無法進行辨識與對應。

四、非對應型

爲最低階的技術，成本極低，是目前臺灣廣泛應用的類型，例如：人臉辨識、體感操作、戶外大螢幕等，是一種「類 AR」的應用，簡單易懂，主要功用爲取代傳統滑鼠操作，通常用於產品展示或促銷活動上。

依照擴增實境應用程式的使用目的，將其歸納爲四類。由於擴增實境技術可以將虛擬資訊加於實體景物（現實環境）的特性，因此可促成不同領域間的異業合作，尤其是商品展售廠商與許多知名大廠品牌，均爲此類應用程式的開發者。

（1） 展售行銷型應用程式

大致上是與銷售廠商端或知名品牌合作，希望藉由此類應用程式，增加合作夥伴的銷售量和知名度，因此主要是向其收費以獲益。

（2） 生活休閒與教育型應用程式

若具有專業知識之資料庫，則較易採付費下載的模式獲利。

（3） 娛樂遊戲型的應用程式

若爲免費下載的遊戲，如同現今一般的線上遊戲應用程式，讓玩家購買虛擬寶物，藉此收費，另則是利用吸引人的付費遊戲，採取直接收費的方式。

（4） 整合資訊型的應用程式

除了藉由網路廣告收入外，仍存在多樣的獲利模式，但共同的特色是，均不會對使用者直接收費，而嘗試以各種方式向內容提供者或是廠商收費，可見該良好的擴增實境內容會對其開發者帶來獲利，故採取此類獲利模式。

▼ 表 5-1　各類擴增實境應用程式獲利模式整理

應用程式類型	獲利模式	應用程式範例 QR 影片	
整合資訊型	iOS 開發 AR 的工具，與廠商合作 App，也與其他遊戲開發軟體合作。提供一般 iOS 開發者操作的 AR 支援。	ARKit	
	Android AR 程式開發平台，與手機廠商合作開發。提供一般 Android 手機開發者開放的 AR 支援。	ARCore	
	向使用進階內容設計工具的內容提供者收費。	Layar	
	若使用者藉由應用程式連結到廠商的購物網站，則向廠商計費。	Aurasma	
	讓使用者在觀看資訊的同時，讓廠商的資訊同時顯示於頻道中，向廠商獲取廣告收入。	Junaio	
	帶動其他種類商品的收入。	Acrossair Augmented Reality Browser	
		Sekai Camera	

應用程式類型	獲利模式	應用程式範例 QR 影片	
展售行銷型	和銷售廠商端或知名品牌合作，收取廣告或行銷收入。	Gold Run	
		ShopSavvy	
		Snapshop	
		SHOW ROOM Showroom	
生活休閒與教育型	藉使用者對專門知識的需求，吸引其付費下載。	Star walk	
娛樂遊戲型	以實體貨幣購買虛擬寶物，或付費下載。	Parallel Kingdom	

資料來源：MIC整理，2012年3月

在整理和分析擴增實境相關應用後，主要可歸納出五類擴增實境未來的設計走向。從整合資訊型和展售行銷型擴增實境應用程式中，可以看出多爲觀光熱門景點、餐廳、戲院、商店、醫院、提款機和博物館等場所的位置性和知識性資訊，已經是許多擴增實境應用程式中廣泛應用的內容，預估這類實用工具性的在地性內容會持續增加，不但可協助使用者得知實用生活資訊，也可以促進品牌業者的行銷和商品展售。

目前各類應用程式持續搜集此類資訊時，還偏向發展個人化和社交功能，吸引使用者的使用。

（1） 在個人化功能

除了提供使用者的使用清單外，還可能提供使用者評論功能，搜集更多虛擬資訊，以回饋到實體物件上。

（2） 在社交功能

目前此類程式多有連結社群網站，讓使用者可自由分享藉由擴增實境應用程式所取得的資訊，吸引更多使用者參與。

（3） 在休閒知識性內容

有提供專門領域或實體物件知識，以協助使用者學習和辨識物件的應用程式，例如可於古蹟中重現過去的 3D 歷史場景，若將此技術應用至文化創意產業則具有相輔相乘效果。像是結合過去數位典藏資料庫中的文獻加以應用，應可爲文化創意產業，帶來更多想法上的啓發和內容上的貢獻。

（4） 在情感療癒性的內容

從過去療癒系的電子寵物到點頭娃娃，其實可以發現情感內容是相當具有商機的一塊領域，像是 Gold Run 公司即曾和另一個虛擬寵物應用程式合作，推出虛擬寵物可以藉由手機螢幕在實體空間活動的計畫，而如果寵物可以呈現於實體空間的景物，並和景物進行一些互動的行爲增加其擬眞感，可帶來的情感感受則可更爲強烈，因此創造出可以和周遭實體環境互動的擴增實境內容，應亦爲可發展的方向之一。除了寵物之外，若設計良好的世界觀和故事情境，加入具擴增實境功能的角色扮演遊戲，可使遊戲更具有優良的臨場感和情境體驗效果，也是值得期待的設計方式。

由於擴增實境技術可以加強對實體環境的視覺辨識，因此結合多樣技術可使行動載具得以產生更貼近眞實感官的五感性內容，像是偵測肢體動作和臉部表情，可分析玩家的3D空間資訊和姿勢，以控制遊戲的微軟體感配件 Kinect、可帶來即時觸覺回應的（Haptics）技術、和電子鼻等電子嗅覺裝置，均為未來可與擴增實境應用程式結合，提供更多元的擬眞資訊的技術或裝置，在醫療復健領域或動作遊戲的未來發展上，均有發展的空間。

最後，和擴增實境技術相關的實體商品，亦存有發展和應用的空間，例如可辨識條碼標誌於衣服上，再利用擴增實境技術讀取條碼資訊，接著在衣服上進行彈奏動作，就可以使電腦播放彈奏旋律的「空氣吉他衣」。此外，擴增實境技術可帶來的3D立體物件呈現效果，亦廣泛的應用於圖卡、教具、電子書等紙本媒介上，使其呈現立體的數位效果，達成更生動、豐富的教學和閱讀體驗，故未來應亦會出現越來越多應用擴增實境技術，以達成更具視覺效果的相關商品，對於產品展售行銷應相當有助益。

運用 AR 技術的互動，除了運用實體空間影像和虛擬物件配置以促銷產品，以及在將資訊覆蓋在實際空間影像上提供移動定位服務（Location Based Services, LBS），這類具明顯目的的應用有具體的商業模式，許多應用 AR 的重點還是在於透過趣味性，宣傳產品特色或營造品牌形象。亦即，如何讓使用者感到新鮮有趣，進而把互動過程分享到部落格、社群網站等，以達到更多的廣告效益。不過，問題也就在於，當新鮮感的蜜月期過去，加上 AR 應用如雨後春筍般出現時，要如何吸引使用者體驗和積極分享是現今需要重視的課題。

在世博的公眾參與館、澳大利館、芬蘭館、德國館、國家電網館等，皆使用了AR擴增實境技術來呈現，來建立展品與觀眾之間的互動關係，不論是「非對應型」的觀眾移動模型來影響投影，亦或是「視覺型」與「固定視覺型」的手持鏡頭對準特定符號來呈現虛擬影像，都將觀眾參與融入了展演的設計之中，同時亦成功展現了AR擴增實境的多用途以及多元的展演型態。

▼ 表 5-2　擴增實境未來內容設計可能走向

內容種類	擴增實境內容範例	可能應用範圍或領域
實用工具性內容	觀光熱門景點、餐廳、戲院、商店、醫院、提款機和博物館等 位置和知識性資訊。	生活資訊和產品展售行銷
休閒知識性內容	可辨識歷史遺跡、呈現歷史場景，或即時得知專門知識。	文化創意產業、教育學習
情感療癒性內容	虛擬但可呈現於實體世界的互動寵物。	生活休閒與娛樂
結合其他裝置或技術的五感性內容	像是 haptics 觸覺回饋、或電子鼻等或 Kinect 體感內容，得到更貼近真實五感的行動載具體驗。	醫療復健領域或更擬真的動作遊戲
其他相關產品	衣服、圖卡、教具、電子書。	產品展售行銷

資料來源：MIC整理，2012年3月

虛擬實境（Virtual Reality,VR）

在前面提到所謂的擴增實境也就是 AR，是指將虛擬的「現實環境」與「電腦的虛擬影像」互相結合，讓使用者可以在親眼所見的實際環境中操作虛擬的 3D 物件（陳坤森，2007）。

而接下來所提到的虛擬實境，則是另一種虛擬與現實的相互關係，比起擴增實境著重於在現實世界加上虛擬的物件，虛擬實境則著重於將虛擬世界取代現實世界，下表簡介兩者之間的差異。

▼ 表 5-3　擴增實境與虛擬實境的差異

擴增實境 AR	虛擬實境 VR
在現實的環境裡加上電腦虛擬的圖像	創造一個虛擬世界取代真實世界
使用者跨越現實以及虛擬	使用者身處在虛擬並與現實世界阻隔
通常使用行動設備或擴增實境眼鏡	需要使用虛擬實境眼鏡或頭套

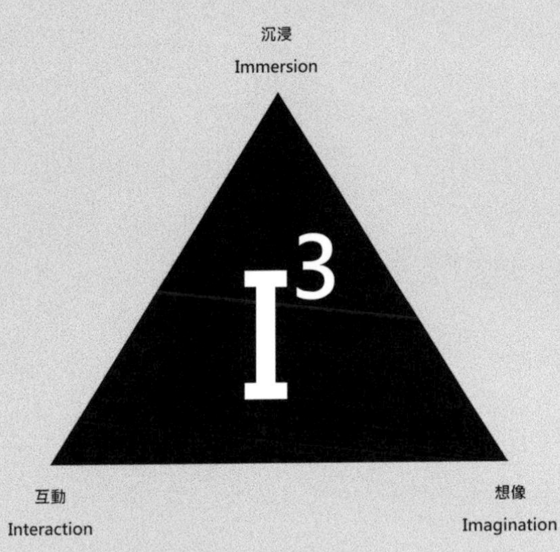

▲ 圖 5-9　虛擬實境三角形關係圖（Burdea,1993）

那虛擬實境到底是什麼？首先我們先定義一下虛擬實境，他主要是運用電腦繪圖運算，創造出一個虛擬世界，讓使用者可以沉浸在虛擬世界當中。美國科學家 Burdea 在 1993 年提出虛擬實境主要包含三種元素，分別爲沉浸（Immersion）、互動（Interaction）以及想像（Imagination）。

■ 沉浸（Immersion）

虛擬實境中的使用者進入虛擬世界當中，而失去與現實世界的連結，忘記現在身處的是現實或是虛擬。

■ 互動（Interaction）

使用者可以在虛擬世界中與虛擬人物進行互動，或是與虛擬世界中的物種以及環境互動，例如打招呼、撫摸花草等。

■ 想像（Imagination）

虛擬實境中的世界就是由人類的想像所開發出來，藉著這一點，人類可以想像身處在任何環境。

VR 技術

桌面型虛擬實境（Desktop VR）

桌面型虛擬實境是使用滑鼠、搖桿等設備操作，並用一般的電腦螢幕來觀看操縱的結果，這一種虛擬實境技術在沉浸度上效果不好，因爲使用者容易受到外界的干擾，無法完全投入於虛擬世界當中，是成本較低的一種技術。

模擬型虛擬實境（Simulator VR）

利用模擬眞實場景的機械設備，讓使用者覺得身處在實際環境當中，透過螢幕或是大型屏幕，來加強模擬現實世界的感受，這類型的技術多半運用在飛行訓練，利用此模擬型虛擬實境體會飛行時的感覺，不需要耗費成本，可以更容易進行訓練。

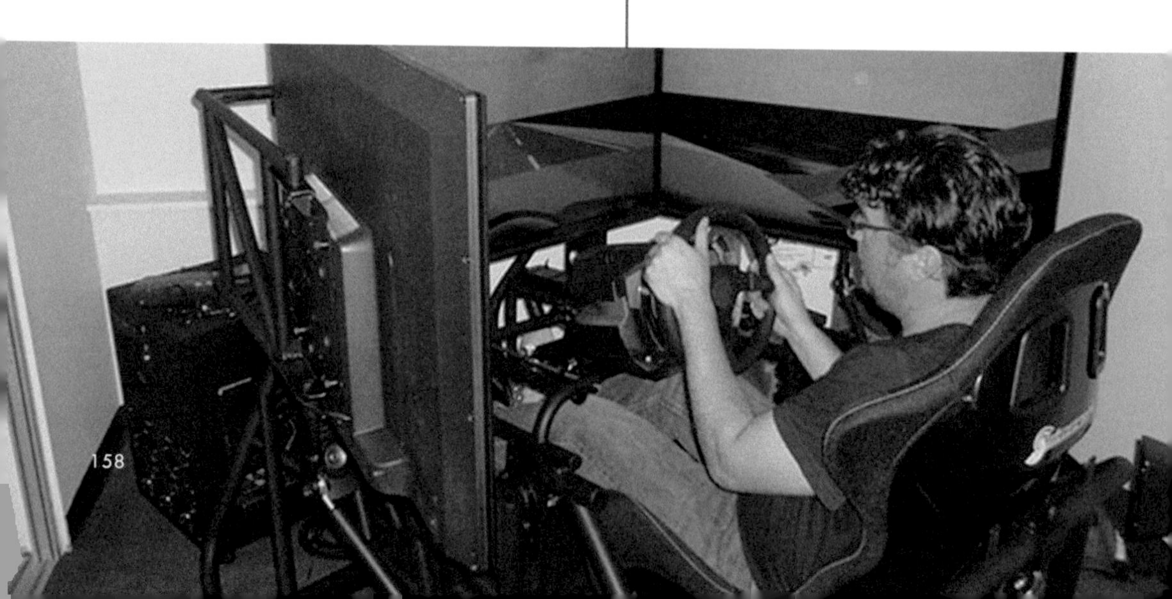

投影型虛擬實境（Projection VR）

主要是利用投影機將虛擬影像投射到大型屏幕上，創造出整個場景，讓使用者彷彿置身於真實環境當中，這項虛擬實境與模擬型虛擬實境的不同點在於，這項虛擬實境可以同時供應許多使用者，形成一個環場的場景，而模擬型虛擬實境則主要針對單個使用者。

融入型虛擬實境（Immersion VR）

使用者配戴虛擬實境頭盔、耳機或是其他設備，將使用者與真實世界完全隔離，創造出一個新的世界給使用者體驗，可以利用手套或是高級科技配備，在虛擬世界進行互動，這項虛擬實境可以全心投入其中，成本也相對昂貴。

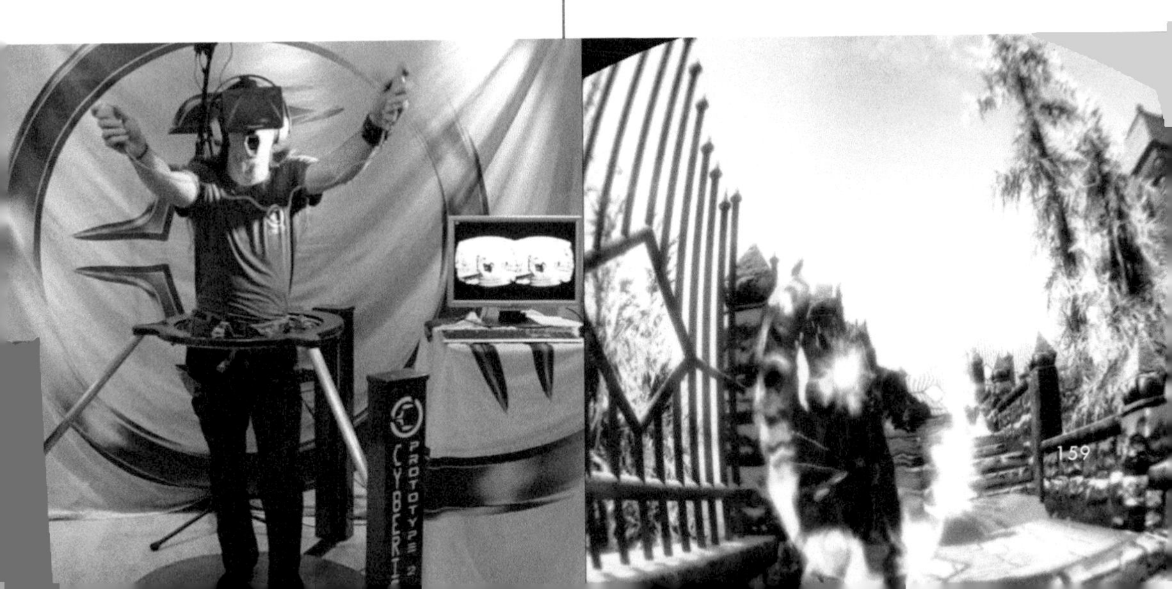

▲ 圖 5-10　虛擬實境遊戲紀念碑谷畫面

▲ 圖 5-11　《復仇者聯盟 2：奧創紀元》虛擬實境影片

VR 應用

虛擬實境應用範圍廣泛，從基本的遊戲到醫療、軍事訓練、學校教育、博物館導覽，不論何處都會發現虛擬實境的蹤跡，下列介紹虛擬實境的應用。

■ 遊戲娛樂產業

虛擬實境目前最主流的應用是在遊戲、影音娛樂產業，遊戲產業隨著電玩主機以及行動裝置的蓬勃發展，市場規模龐大，每一年都有大量的資金投入遊戲產業，而虛擬實境則成爲最新的遊戲配備，玩家不再只是角色扮演，而是直接成爲遊戲當中的角色，娛樂效果加倍。

除了遊戲方面，在電影以及演唱會等影音娛樂，也因爲虛擬實境而有截然不同的體驗模式，例實虛擬實境大廠三星集團（SAMSUNG），就態度積極的搶攻這塊大餅，三星與美國漫畫公司漫威（Marvel）攜手合作，挾帶著全球的超級英雄熱，推出長達兩分鐘的電影《復仇者聯盟2：奧創紀元》的虛擬實境影片，讓影迷可以直接利用虛擬實境眼鏡，體驗超能英雄們在電影的場景，能夠以不同角度觀賞電影當中的打鬥場面，顛覆以往看電影的方式。

■ 軍事訓練

在美國，士兵的軍事練習早就已經採用虛擬實境，透過動態追蹤的方式，讓美國士兵在虛擬的場景裡面進行作戰訓練。在過去，部隊進行演習多半都是模擬戰爭的狀況，因為武器價格而貴，又有位置大小的限制，無法眞實的進行演習，不過隨著虛擬實境的出現，美國軍事訓練已經與過去不同，利用虛擬實境的眞實感以及臨場感，讓士兵彷彿正在眞實的場景中作戰，相較於過去的模擬訓練，虛擬實境更能夠讓士兵對於作戰訓練更有實際經驗，增加訓練的成效。

▲ 圖 5-12　美國士兵利用虛擬實境設備進行軍事訓練

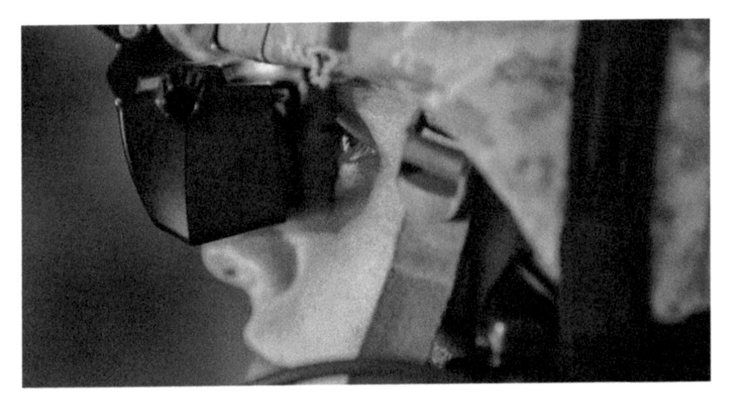

▲ 圖 5-13　美國軍方利用虛擬實境頭盔演習

▲ 圖 5-14　大英博物館「虛擬實境週末」（the British Museum）

■ 博物館導覽與教育產業

虛擬實境技術除了應用在遊戲為最大宗，另外在博物館導覽以及教育的應用上也是很熱門，隨著科技的快速發展，古文明不再只是放在博物館櫥窗的陳列品，或是位於某處的遺跡，伴隨著新科技所帶來的嶄新視覺衝擊，以及人們對於歷史的逐漸重視，博物館展示已經越來多元了，透過不同的展示手法，擺脫了早期只看櫥窗陳列的刻板印象，將知識透過更貼近觀眾的展示方式，讓博物館在現代不僅是休閒去處也肩負重要的教育性質。

大英博物館「虛擬實境週末」

在 2015 年，位於英國的大英博物館率先推出虛擬實境的參觀方式，舉辦為期只有兩天的「虛擬實境週末」，讓遊客體驗虛擬實境所帶來的衝擊，只要戴上虛擬實境眼鏡以及耳機，就可以回到古老的青銅器時代，透過親身經歷青當時的祭祀活動與住處，讓遊客更深刻體會跟理解青銅器時代。

大英博物館的資深策展人 Jill Cook 說道：「當今社會的每一個人口袋裡都擁有科技產品，要是博物館再不與新科技結合，我們將會逐漸失去年輕的觀眾族群，也等於失去了未來的老觀眾，要是博物館不能轉型，就失去了競爭力。」

倫敦自然史博物館 「First Life」

在 2015 年這部名爲《First Life》的影片，於 2015 年 6 月 18 日首度於倫敦自然史博物館首映，有別於以往，讓觀衆藉由配戴 VR 頭盔，親身經歷五億四千萬年前地球迷人的海底世界，參與一趟從細胞到植物，再到生物的神奇旅程，了解深海裡的各種生物。

觀衆進入 Attenborough Studio 觀看一小段介紹影片，隨後將會戴上 Samsung VR 頭盔，360 度全方位觀看這部影片。戴上 VR 頭盔之後，觀衆彷彿漂浮在史前時代的海底，發掘各式各樣從未見過的海底生物，每一個場次總共提供 30 個座位，觀賞時間總共爲 15 分鐘。

倫敦自然史博物館館長 Michael Dixon 說到這個與科技結合的影片，「虛擬實境第一次作爲博物館重要的參觀景點，」還說到「虛擬實境可以讓我們身處在那些我們無法到達的時空地點，這足以說明科技如何徹底改變我們參觀博物館的方式。」

▼ 圖 5-15　倫敦自然史博物館「First Life」（The National History Museum）

將敦煌 285 洞窟的 3D 掃描資料

轉化爲新媒體虛擬實境的體驗

爲了忠實呈現壁畫的質感，藝術家特地到莫高窟實地考察，並在敦煌研究院人員的特別帶領下，帶著電腦器材到 285 窟中，在手電筒的微光下細細觀察壁畫的顏色、材質與肌理，和在光線下的反應，以求虛擬實境中的呈現最接近原作。如果沒有親身經歷莫高窟，這大概是數位體驗下最接近眞實的體驗。

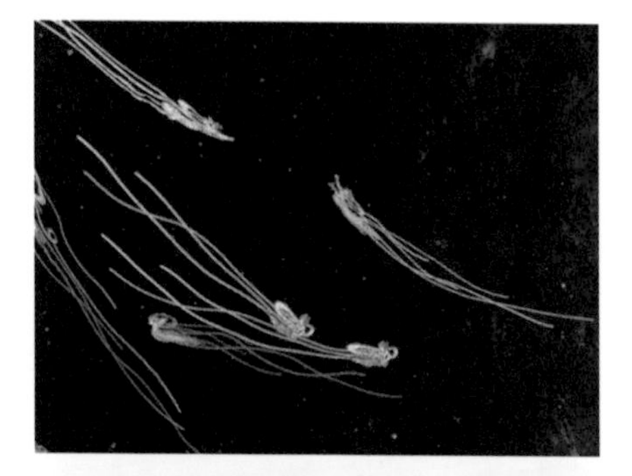

▲ 圖 5-16　數位敦煌 VR 體驗

贏得威尼斯影展

最佳 VR 體驗的「沙中房間」

沙中房間VR特展於2017/11/18-2018/2/25，於北美館戶外廣場展出三個月，「沙中房間」是由美國藝術家安德森和臺灣藝術家黃心健所共同合作的虛擬實境互動作品，並在第 74 屆威尼斯影展 VR 競賽片單元中，成功摘下了最佳 VR 體驗大獎；其中的巨大黑板是一個象徵人類記憶的符號，雖然可以不斷地擦拭覆寫，但舊有的記憶卻殘留不去。

無數的巨型黑板建構了浩瀚的虛擬空間，猶如巨大的記憶迷宮；參訪者隨著安德森的導引進入幻夢般的世界，在虛擬實境中自由飛行。作品包含了八個不同的房間，其中粉塵之房中有如同星雲旋轉的文字銀河；聲之房中參訪者的話語或歌唱會轉化成雕塑。這些獨特的房間將抽象符號轉化爲具象、可與之互動的實體，讓參訪者身在其中探索文字與記憶的連結。

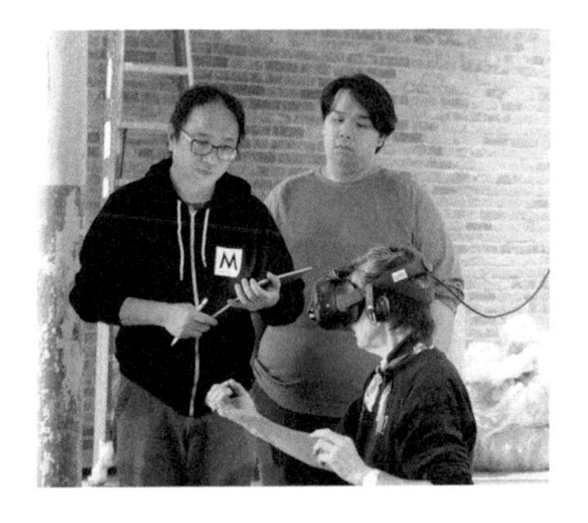

▲ 圖 5-17　沙中房間 VR 特展

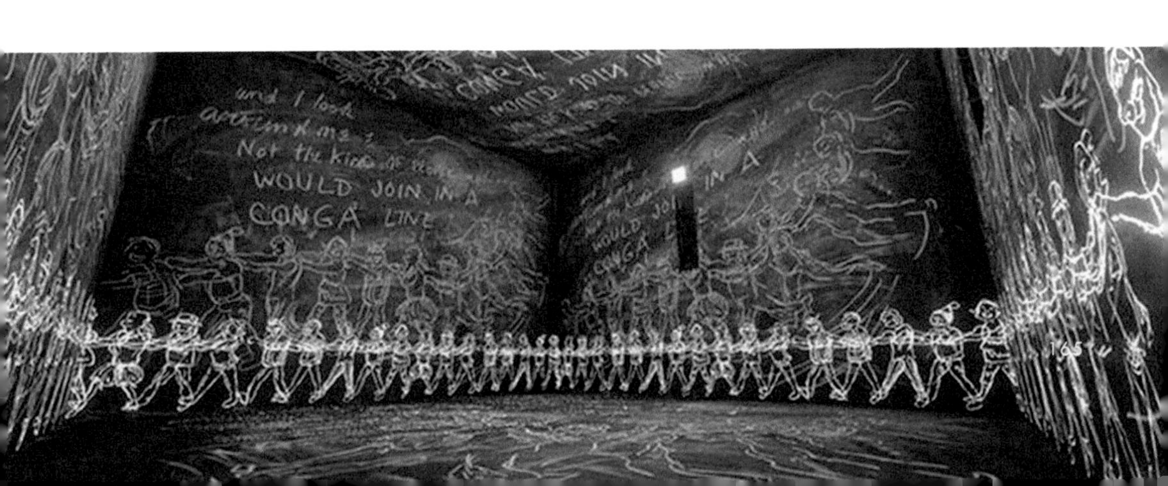

幻象瑪爾斯虛擬實境體驗展

結合虛擬實境互動科技，致力打造先進未來太空之旅。全展區共分三大主題，包括：太空快拍亭、太空訓練所以及星球保衛戰。其中星球保衛戰爲 VR 射擊遊戲，讓大小朋友都能體驗在宇宙中的星際旅行。

▲ 圖 5-18　科學教育【幻象瑪爾斯】VR 體驗展

Surreal Education 虛擬實境課程平臺－闇橡科技（shadoworks）

「教育遊戲可以提供各式各樣的好處，包含增加興趣與動機、提高對於內容的記憶、以及訓練高級思維能力。」（HogleJ. G, 1996）

原子塔將教育融入虛擬實境遊戲中，讓學生在一開始便受虛擬遊戲環境的吸引，並搭配遊戲背景音樂，維持學生對學習的專注度。遊戲中，使用者將化身爲使用化學元素的冒險家，利用各式元素的特性解決冒險路途上的難題。

原子塔 VR 將過往的元素週期表具象化，讓學生看到要學習的元素模型，當點擊各元素，會出現對應的知識與原子模型架構。使用者可以將電子填入原子模型中，透過動手操作，提升學生對於元素週期表的熟悉程度與興趣。最後，透過挑戰關卡，拿取弓箭結合所學習到的知識來射擊怪物，讓使用者複習先前所學習到的知識，藉此加深印象，並提升學習的滿足感與意願，達成數位學習的成效。

▲ 圖5-19　Surreal Education虛擬實境課程平臺－原子塔 VR

浮空投影（3D Holographic Projection）

浮空投影，又稱全息投影（Holographic Projection），主要運用 3D 影像及特效，以投影方式將畫面投射在特殊透光網狀幕上，觀者除了可看見動態的影像彷彿於半空中呈現外，亦可看穿布幕後方的場景搭設，創造出空間與3D影像結合的特殊視覺效果。

浮空投影技術的使用，搭配了舞臺設計、投影布幕的架設以及燈光與動畫效果的呈現，在一個空間之中，運用干涉、繞射（Diffraction）等光學原理，並且在投射成像上具備 360° 可視角。目前全席投影技術以和許多娛樂與商業展演做結合，例如：初音未來演唱會、席琳狄翁與貓王跨世紀對唱、麥克傑克森復活演唱會都是仰賴全息投影的技術，甚至 2010 年五月大陸舉辦的上海世界博覽會當中也有多個國家館採用全息投影技術。（闕偉哲，2011）

初音（Hatsune Miku）虛擬歌手

運用 3D 浮空投影技術舉辦演唱會。

▲ 圖 5-20　初音未來演唱會

Alexander McQueen 2006 Fall/ Winter 時裝展

以世界名模 Kate Moss 的 3D 全息影像展示服裝作品，造成現場轟動。

▲ 圖 5-21　Alexander McQueen 2006 Fall/ Winter 時裝秀

Palm top theater- Peppers Ghost
掌上劇場

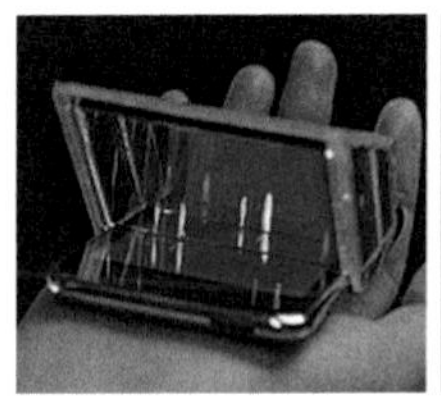

▲ 圖 5-22　Palm top theater 浮空投影技術 iPhone 周邊產品圖

掌上劇場利用 Peppers Ghost 技術，將 3D 電影放在您的手掌上播放，藉由 i3DG 展示形設備，此名由 I、3D 和 Gadget 三個字所組成，是個特別針對 iPhone 與 iPodTouch 的娛樂性虛擬延伸裝置，可以轉換 2D 顯示至圖層型 3D 顯示，用一個傳統的技術，在欲投影之影像上以 45 度角放置半鍍銀之鏡面，在此新環境中，提供 iPhone 可以有 3D 顯示的效果，以一個周邊商品而言，從 3D 影像到動畫，甚至速度型遊戲，i3DG 可以支援眾多的應用程式。

此應用程式，會將欲投影之動畫分成三層，每層將動畫依照比例在手機上顯示，此時蓋上 Palm to theater 裝置，即可在手機上享受 3D 的視覺效果。

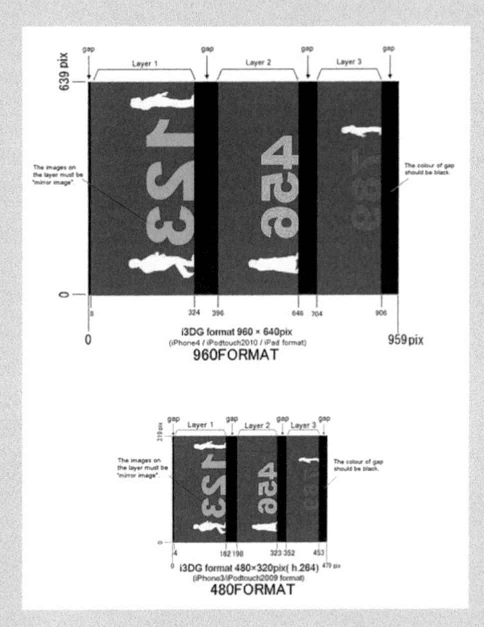

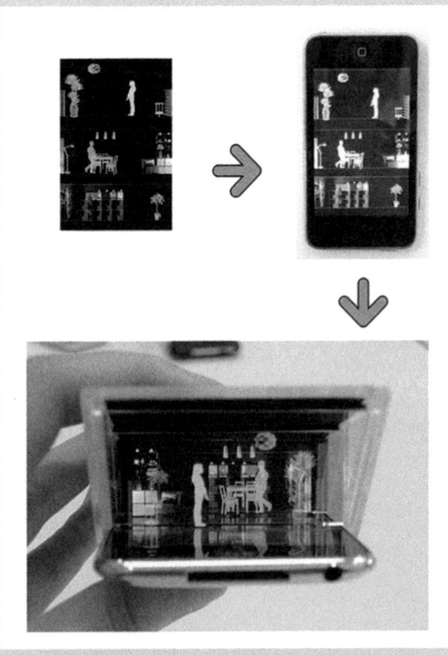

▲ 圖 5-23　Palm top theater 掌上劇場之動畫分層比例圖

球型投影（Dome projection）

球型投影又被稱作爲曲面投影（Curved projection）、異形投影（Shaped projection）。主要是利用大尺寸的圖片影像進行無縫拼接，實現特殊曲面甚至球面的全景影像。目前已有多款 3D mapping 軟體工具可供運用，像是 Resolume Arena 4、Modul 8、VDMX 等，運用此類型的多通道邊緣融合軟體，在曲面上進行細部拼接及校正，剔除投影畫面在曲面上的變形。至此觀衆不再被侷限於平面視覺上，可以在曲面甚至 360 度全方位觀賞展覽，達到最先進的科技體驗以及前所未有的夢幻感受。

球型投影應用領域廣泛，常見於科普教育、展覽、廣告娛樂、系統表現等。

2008 年奧運會

開幕儀式上展示的「藍色地球」，它是目前全球最大體積的立體圓形舞臺，於球體上投影出我們共同生活的蔚藍家園。

▼ 圖 5-24　2008 年奧運－藍色地球

2012 年世界博覽會

世界氣象館中展出的「小球大世界」，為一個直徑約 2 公尺的正立方形球體，參觀者可以透過遙控器操縱展示內容及其運行軌跡，動態呈現地球的各種氣象變化。

▲ 圖 5-25　2012 年世界氣象館－小球大世界

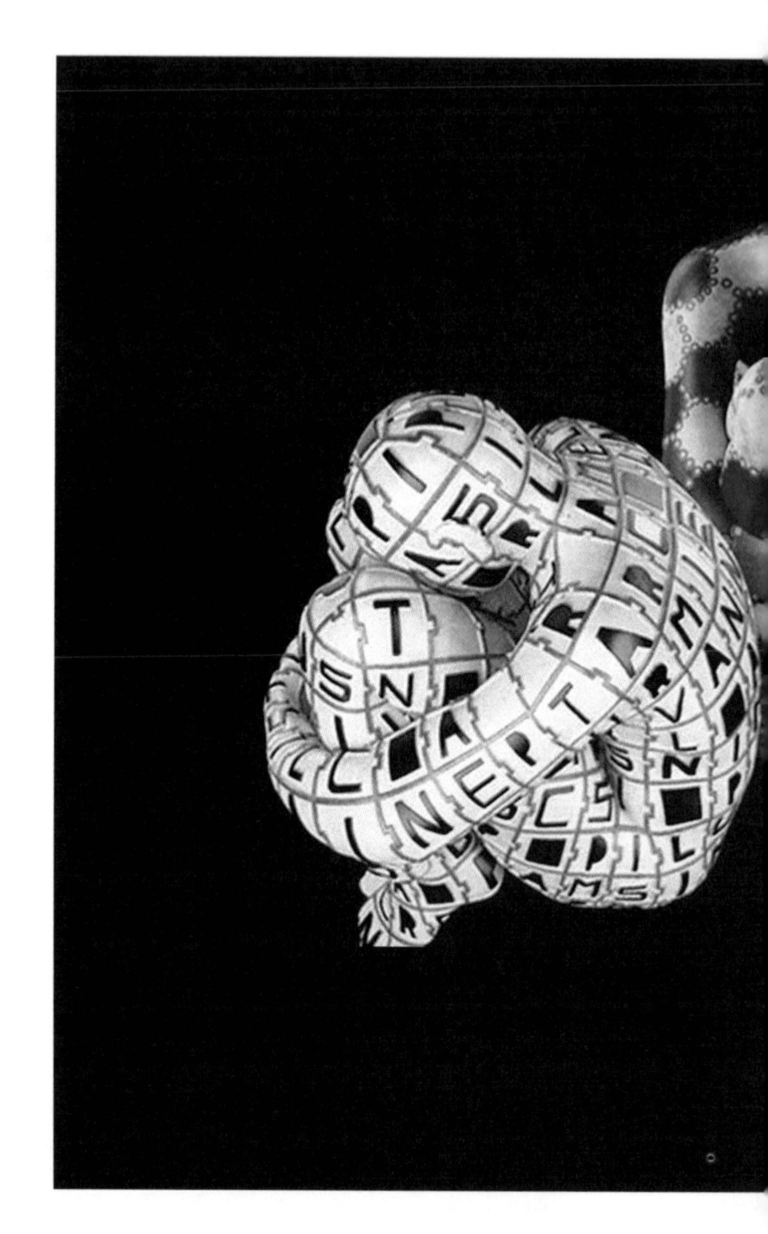

Bozzolo（繭）

許多藝術展覽品也運用到球型投影技術，此作品為一個人型青銅雕塑，是 360 度的 3D Mapping Projection，運用投影改變雕塑的皮膚，360 度曲面且無接縫的細緻呈現，創作團隊將投影技術運用至極致。

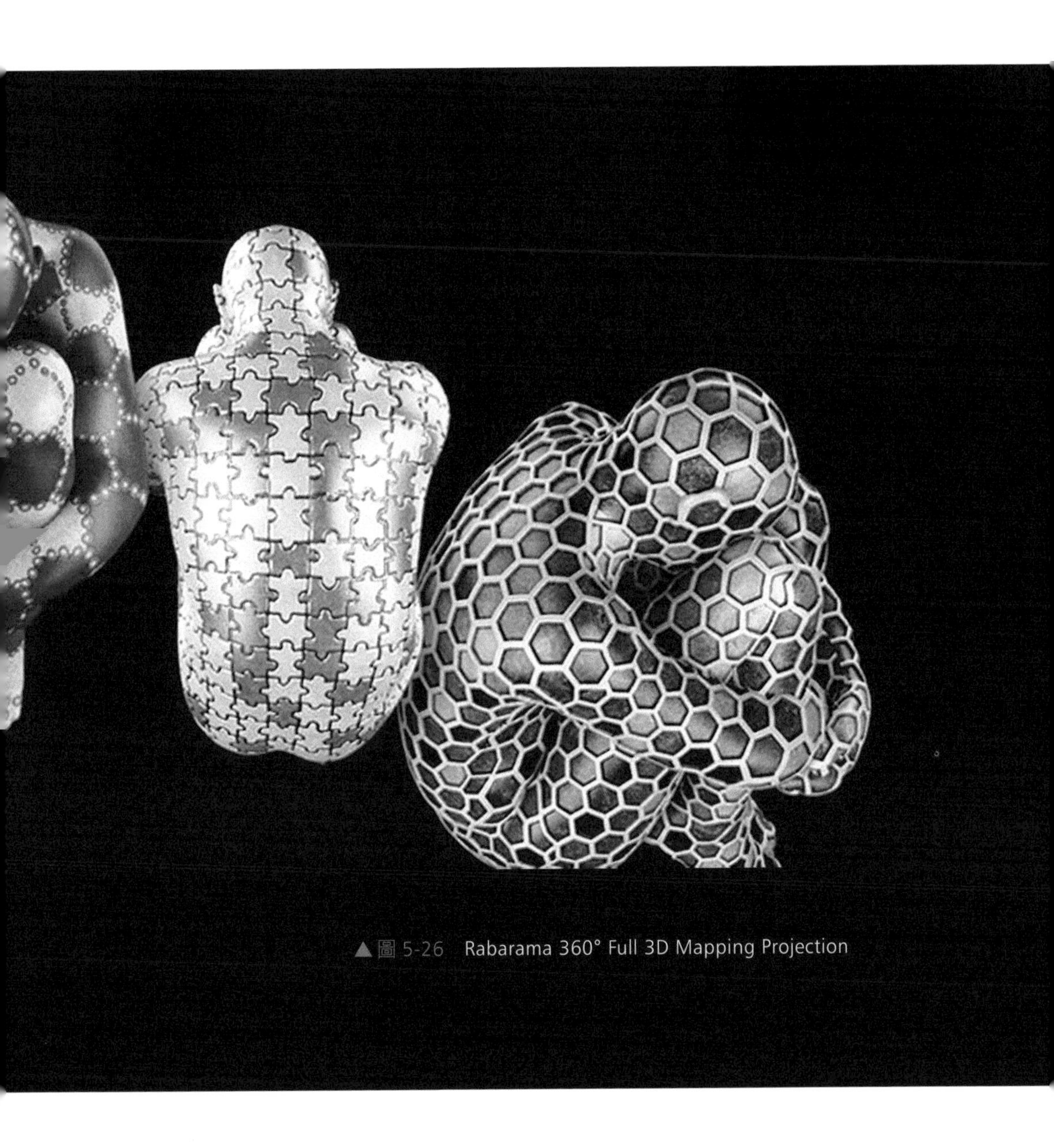

▲圖 5-26　Rabarama 360° Full 3D Mapping Projection

Chapter 6 展演設計型態分析

6-1 視覺型展示

視覺是通過視覺系統的感覺器官（眼睛）接受外界環境中一定波長範圍內的電磁波刺激，經中樞神經進行編碼加工和分析後獲得的主觀感覺。透過視覺，人和動物感知外界物體的大小、明暗、顏色、動靜，獲得對有機體生存具有重要意義的各種信息，至少有 80% 以上的外界信息經視覺獲得，視覺是人和動物最重要的感覺。

而視覺藝術（Visual Arts）是一種藝術形式，本質上是以視覺目的爲創作重點的作品，例如繪畫、攝影、版畫和電影。而牽涉到三維立體空間物件的作品，例如雕塑和建築則稱爲造型藝術（Plastic Arts）。許多藝術形式也會包含視覺藝術的成分，因此在定義上並不是非常嚴格。

現今的視覺藝術作品概括甚廣，不論是平面廣告（如海報）、展示科技（如數位看板、拼接牆面）、多媒體展示（如數位人形立牌、虛擬實境、擴增實境、浮空投影、球形投影、觸控投影、3D 立體投影、建築投影、動畫製作），都屬於視覺藝術的範疇。

其中呈現多媒體展示技術的最大功臣非「投影機」莫屬，而投影機依照不同的用途有不同的劃分，可分爲「數位投影機」、「電影投影機」、「實物投影機」、「幻燈片投影機」以及「透鏡式投影機」等五種不同類型。這種設備廣泛用於家庭、辦公室、學校和小型娛樂場所。根據工作方式不同，投影機顯像方式有液晶顯示器（Liquid Crystal Display, LCD）、液晶覆汐（Liquid Crystal On Silicon, LCOS）、數位光處理（Digital Light Processing, DLP）以及數位多層光碟（Digital Multilayer Disk, DMD）等不同類型。

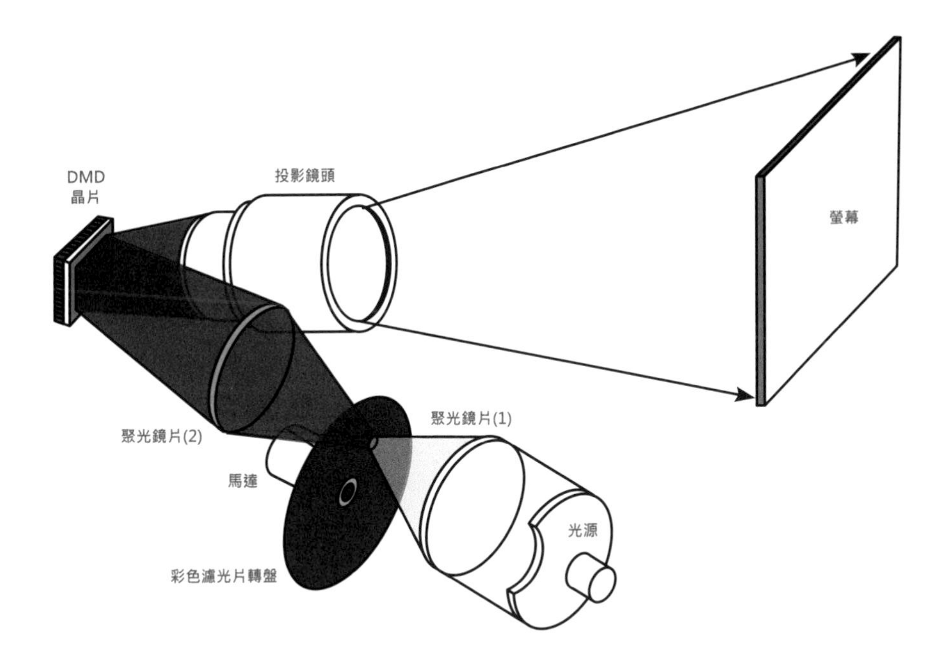

▲ 圖 6-1　DLP 投影機光學系統架構

早期的數位投影機為「三槍投影機」，有三個透鏡，分別投射出紅、綠、藍三原色，而影像乃藉由三種顏色的濃淡混合而成，工作原理與 CRT 螢幕以及電漿電視相似，但因為體積太笨重、亮度低、纜線配置複雜、對焦不便、耗電量大且操作程序繁瑣而逐漸淡出主流市場；然而，三槍投影機本身也要安裝在空間夠大的場所中，如卡拉 OK 包廂、會議室、劇院、客機、郵輪等公共場所。

繼三槍投影機問世後，發展了「單槍投影機」，僅憑一個透鏡就可以將影像完整呈現，而且有可攜帶性，或者可懸掛到天花板上；而單槍投影機的使用原理採用了液晶顯示器（LCD）與數位光處理（DLP）等數位化顯像方式。

單槍投影機其中一個優於三槍投影機的優勢就是可以使用 VGA 端子、S 端子與 HDMI 連結到筆記型電腦上，方便筆電族將電腦中的資料與影像呈現在觀眾眼前。由於單槍投影機使用單一的鏡頭與燈泡，較三槍投影機容易出現過熱的問題，需要有一段時間散熱或暖機。

6-2
嗅覺型展示

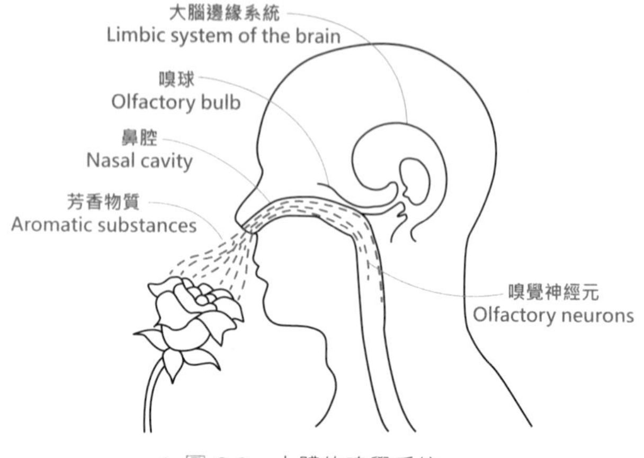

▲ 圖 6-2　人體的嗅覺系統

嗅覺是動物最敏銳的感官之一，嗅神經約含有五千萬條嗅覺接受器，在嗅覺器官的黏膜上，可以偵測空氣中的氣味，透過嗅覺細胞對嗅球神經傳遞興奮，而將嗅覺衝動、訊息傳到大腦皮質之嗅覺區－邊緣系統（Limbic system），經邊緣系統詮釋、分析而產生嗅覺氣味的認知（蔡東湖、馬克麗、陳介甫，1997；朱如茵，2003）。

氣味是世界上最容易記憶的事物。特殊的氣味令人印象深刻，氣味刺激學習和記憶力。而嗅覺是我們所有感官中最直接的，不需要多做解釋，它的效果就昭然若揭（李京玲，2013）。1960 年時，羅伊（Roy.Bedichek）在《The Sense of Smell》中寫道，嗅覺經驗的特性是無法克制的，一般不經意的香味便可以讓塵封已久的記憶浮現眼前：「不是視覺、不是聽覺或觸覺，甚至不是味覺，再也沒有其他感官，唯有鼻子，能從廣闊的深處，喚起那種我稱之爲記憶的眞實僞裝、如電影般的具像」（邱銘珠，2003）。

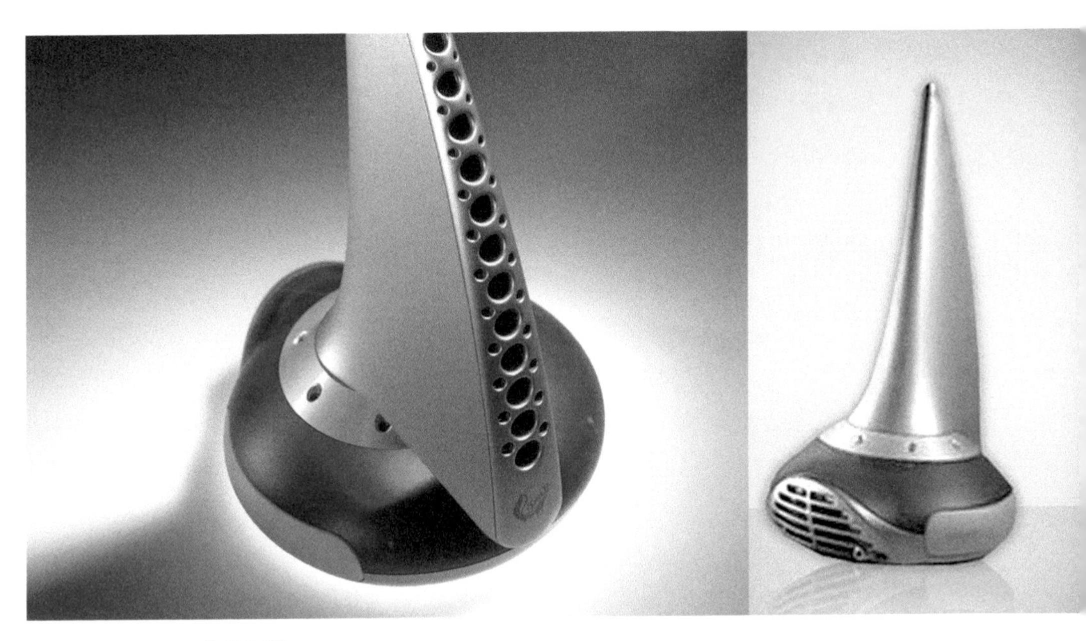

▲ 圖 6-3　iSmell 產品原型

近來各國陸續展開嗅覺相關的研發，舉出下列個案研究說明目前的發展狀況：

iSmell 產品

1999 年 11 月，美國數位香味公司（DigiScents）公司推出 ScentStream ™軟體和 iSmell ™的樣品，是一種將人類可辨別的氣味轉化成一種數碼語言，稱作香味合成器（Scent Synthesizer）iSmell，此產品可以連接電腦網路來釋放氣味，只需要接收代表味道的一組數位訊號，就能利用內含的 128 種基礎氣味混合出各種不同的味道。

新興的產品還未在市場上普及，隔年即被科技雜誌《Wired》評選爲「年度十大幻想產物」之一。2001 年 3 月，DigiScents 公司也因資金不足而解散。而市場調查的結果顯示，極少人願意購買此產品，甚至有使用者反應其味道不好聞，而 2006 年《PC World》雜誌更說它是「史上最爛二十五項發明」之一，但其發明也帶起了嗅覺相關產品的發展。（婁文信、江仁智，2006）

日本 NTT 產品

2002 年日本電信業巨頭 NTT 希望將來運用寬頻技術爲人們帶來逼真的色彩、哨聲、鈴聲以及氣味等全新網路體驗。如果眞能實現理想，則在未來 10 年裡，消費者很有機會使用觸覺及味覺來傳送資訊的網路。NTT 這一構想的目的是要深入利用自家寬頻網路基礎設施，把家用電器連接網際網路，使它們彼此溝通。

這需要把無線電頻率標識和 IP 技術結合起來。NTT 將此一新理念命名爲「光學新一代」，設想的重點便是推出可傳輸味覺和觸覺資訊的產品－感官通信系統，使消費者透過感測器探測到物體的味覺或觸覺，正如同將一塊布的香味，變成數位信號傳輸給接收端，再將原來的味覺或觸覺由轉換器重新模擬出來。專家預計，日後感官通信系統會帶來 64 萬億日元的經濟效益。據瞭解，NTT 已完成了對味覺和觸覺兩種感測器及轉化模擬技術的試驗性研究，但對於市場接受度仍不明，因此並未開始販售。（北京晚報，2002）。

美國 TriSenx

美國德州的 TriSenx 公司與英國一家寬頻網路供應商 Telewest 合作，在傳送接收 Email 的過程中，開發一項可產生香味裝置的試驗產品，必須連上寬頻網路才能發揮功效，而且收發件雙方電腦都必須擁有這套裝置，才能發揮作用。這套裝置外形看似是一個墨水盒的裝置，裡面預裝有 20 種基本香味。這個裝置是由 TriSenx 公司經過適當調配之後，總共可以產生的香味達 60 多種。TriSenx 表示，會發出香味的 Email 是寄件人先在信中加入一個電子訊號，而當收件人打開 Email 時啓動了那個電子訊號，可使收件方的香水盒自動散發寄件人預設的香味。（TriSenx 公司網站，2006）

日本 Sony 公司

美國科學家正祕密進行一項爲期 5 年的未來電視研究計畫，因 Sony 有意將此技術登記專利而曝光。這種跨時代新電視的最大特點是，觀衆看電視時，可以身歷其境，聞到節目內容裡的味道，甚至擁有觸感。與其他嗅覺式電子產品不同的是，Sony 的嗅覺是由大腦產生的虛擬嗅覺。原理是當電視播放特製的節目時，電視機內的裝置會發射出一種對人體無害的超聲波，刺激觀衆的大腦，喚起記憶中對眼前影像的感官體驗。

例如觀看烹飪節目時，會聞到菜餚滿室生香；連續劇裡下大雨的劇情，還眞感覺被雨淋得一身濕。不過，所有感官體驗取決於使用者過去的經驗，同一部電視節目，每個人的感受不盡相同。在可預見的未來，觀衆坐在沙發上，不但能看電視，還可以「聞」電視、「碰觸」電視。（天下雜誌，2005 第 55 期）

臺灣優鐠國際公司

1999 年，臺灣優鐠國際有限公司就已開始著手嗅覺化網路（Dream Smelling Net）的構思設計。鑑於資訊產業之硬體發展多半與視覺、聽覺有關，在現今的網路行銷上導入一個全新的經營理念，對商品業者的傳統行銷模式，開拓另一吸引顧客的方式；對於網路使用者而言，也產生新的接觸領域。根據該公司設計總監表示，過去的設計太強調產品的功能，尤其大衆都會直覺地將此產品和網路結合運用，反而忽略了廣泛的行銷市場，例如結合戶外看板使產生氣味，或結合電玩機臺使成爲有氣味的電玩等，都是嗅覺式產品未來可能的發展方向。目前優鐠國際公司著眼於品牌形象的建立，並開發出能夠產生約爲五種的氣味的產品，以利快速與相關產業相結合。（婁文信、江仁智，2006）

6-3 聲音型展示

聽覺指的是聲源振動引起空氣產生疏密波（聲波），通過外耳和中耳組成的傳音系統傳遞到內耳，經內耳的環能作用將聲波的機械能轉變爲聽覺神經上的神經衝動，後者傳送到大腦皮層聽覺中樞而產生的主觀感覺。聲波是由四周空氣壓力有節奏的變化而產生，當物件在震動時，四周的空氣也會被影響。當物件越近，空氣的粒子會被壓縮；當物件越遠，空氣的粒子會被拉開。

聽覺對於動物有重要意義，動物會利用聽覺逃避敵害，捕獲食物。而人類的語言和音樂，一定程度上是以聽覺爲基礎的。當聲波的頻率和強度達到一特定值範圍內，才能引起動物的聽覺。

在聲音領域上，市面上已經有著許多可開發應用的設備，如聲音感測器、動態式微音器、麥克風和蜂鳴器等，若將其妥善應用並結合其他裝置設備上，相信有更大的發展空間，給聽覺感官帶來新的體驗與感受。

一、聲音感測器

由一個電容式麥克風與類比放大器組合成的一個電路，因爲麥克風訊號太微弱，所以需要加上運算放大器（Operational Amplifier，op-amp）。

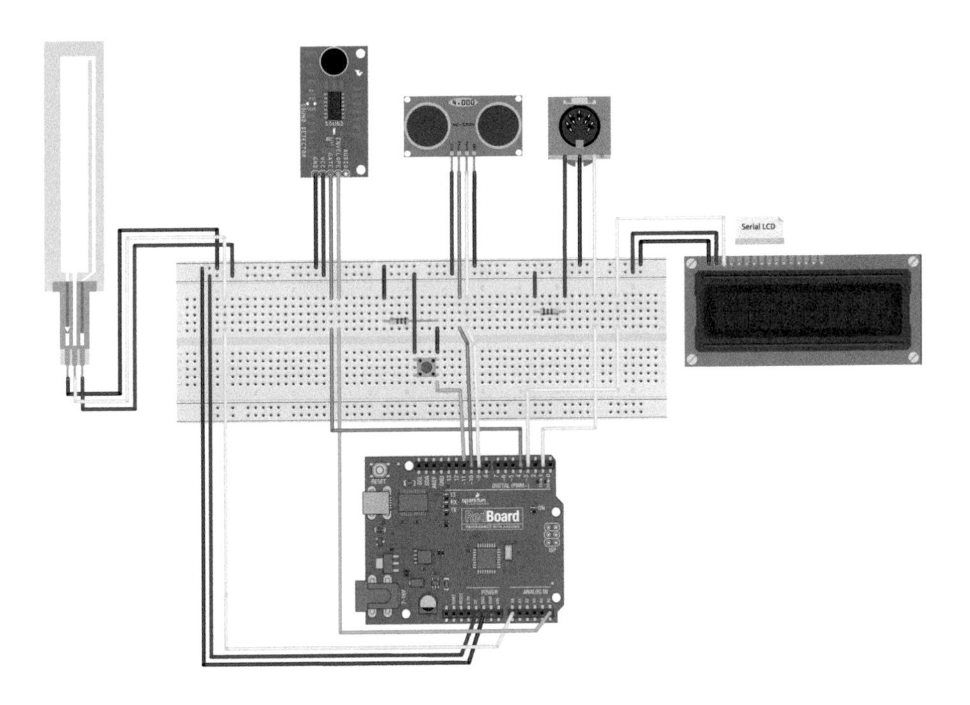

▲ 圖 6-4　聲音感測模組

二、動態式微音器

動態式微音器是利用音圈在磁場中上下振動，切割磁力線，產生感應電動勢，在閉合的線路中就會產生電流。在動態式微音器的結構上，磁體分爲中心磁極和外磁極，磁力線爲放射性狀，線圈就在磁隙中自由移動，線圈上端連接振動板，當振動板感受到聲音時，就產生振動，使音圈在磁隙中做切割磁力線的運動，從而在閉合電路中產生感應電動勢。

三、動態式揚聲器

動態式揚聲器的構造包含一個強力的磁鐵及附著在錐形紙盆的音圈，當聲音電流通過音圈時，訊號電流的方向和大小使線圈感應的磁場極性和方向改變，由於固定磁場和音圈間磁力線的交互影響，則產生同性相斥、異性相吸的原理，使紙盆隨音圈電流的改變而發出聲訊。揚聲器的構造與動態式的微音器類似，因此一般的動態式揚聲器可作微音器之用。

四、蜂鳴器

蜂鳴器模組可發出不同聲音。由蜂鳴器感測模組接到提供 PWM 輸出的數位腳位（3,5,6,9,10,11），即表示可透過程式發出不同音階。電磁性蜂鳴器，將線圈置於由永久磁鐵、鐵心、高導磁的小鐵片以及振動膜組成的磁迴中。小鐵片與振動膜受磁場的吸引會向鐵心靠近，線圈接收振動訊號則會產生交替的磁場，繼而將電能轉爲聲能。

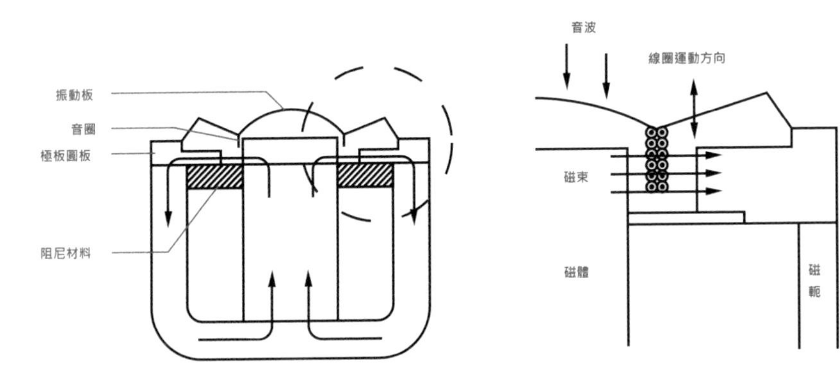

▲ 圖 6-5　動態式微音器的構造

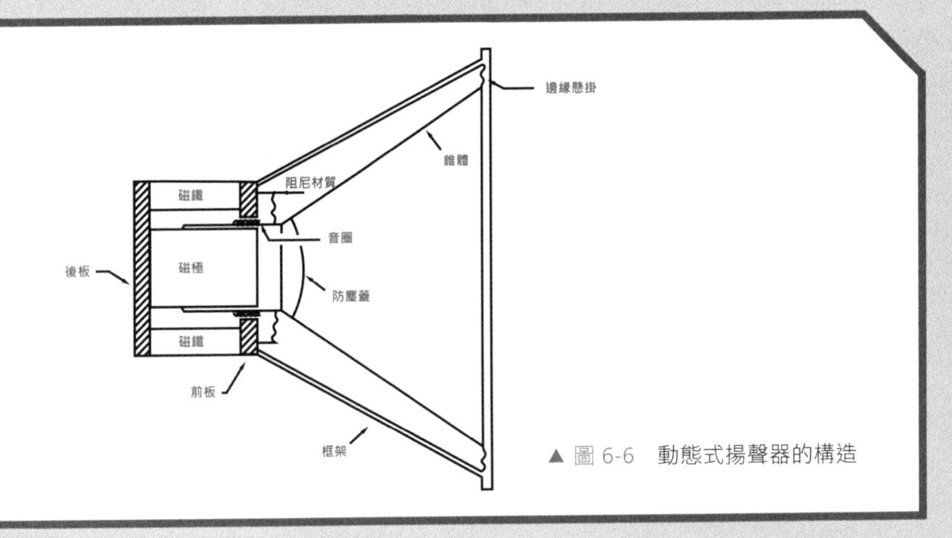

▲ 圖 6-6　動態式揚聲器的構造

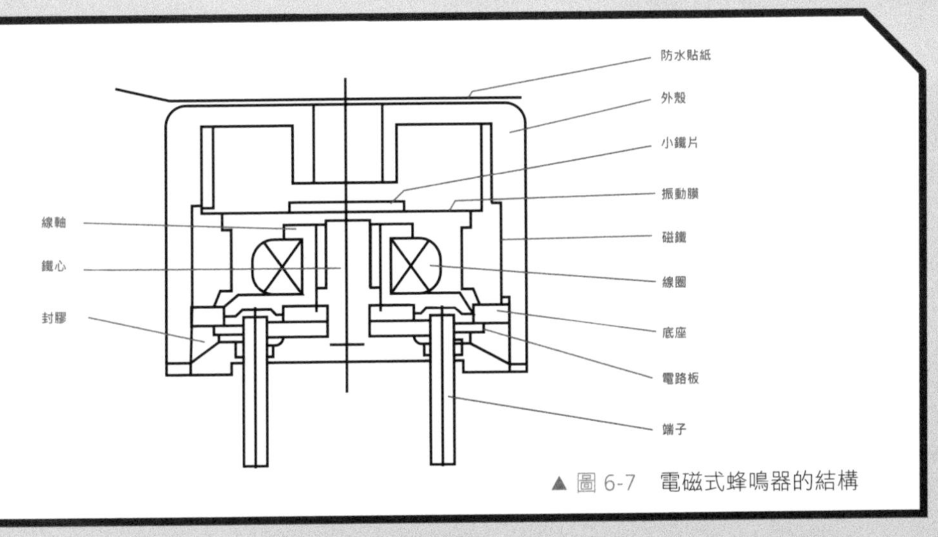

▲ 圖 6-7　電磁式蜂鳴器的結構

在初期，利用聲音作爲互動裝置的媒介較不常見。較爲著名的是 2003 年兩位美國新媒體藝術家 Golan Levin、Zach Lieberman 與另兩位音樂人 Jaap Blonk 和 Joan La Barbara 共同製作的作品「Messa di Voce」。

Messa di Voce

此作品可以感測到人或其他聲音，且會根據使用者聲音的大小、音頻、節奏等感應出協調的黑點，爲一舞臺表演設計上，聲音與影像即時互動的裝置，而除了人聲外，其他動物或科技聲音皆可與其互動。藝術家設計此作品的目的爲喚醒大眾思考說話、聲音表情和環境語言等所產生的意義與影響。

▲ 圖 6-8　Messa di Voce 裝置作品

聲控互動聖誕樹

Nokia 與臺灣大哥大推行的影音 V 卡傳情意活動，在聖誕節時合作推出的聲控互動聖誕樹。運用現代人最常使用手機的三項功能：講電話、收發訊息、報時為出發點。當使用者喊得越大聲，螢幕上聖誕樹就搖動的越繽紛熱鬧，還可發出簡訊立即顯示在螢幕上，讓現場過往人群看到你我的祝福話語。

▲ 圖 6-9　Techart Group & Nokia 聖誕節行銷活動

6-4
肢體型展示

人類利用肢體動作與環境互動是爲最直覺的方式，自此一概念興起後，市面上大多數的廠商都積極研發讓人類利用肢體即可進行互動體驗的裝置。其中較爲顯著的例子就是顛覆傳統娛樂市場的微軟「Kinect」體感遊戲，其後更陸續有其他廠商不斷崛起，現在各展覽館或著名觀光名勝地區都可看到設置的多媒體互動看板，除此之外更有許多以肢體感測的著名例子。

目前最複雜的體感操控應用，同時也是最具量產效益的體感操作系統，可以 3 大遊戲機業者的 Wii、PlayStation3 Move、XBox 360 Kinect 爲代表，且均已具備遊戲水準的體感操控系統。

Kinect 感測器一次可擷取三種資訊，分別是彩色影像、3D 深度影像、以及聲音訊號。Kinect 裝置裝有 3 個鏡頭，中間的鏡頭是一般常見的 RGB 彩色攝影機，左右兩邊鏡頭則分別爲紅外線發射器和紅外線 CMOS 攝影機所構成的 3D 深度感應器，3D 深度感應器也就是主要用來偵測玩家動作的感應器。RGB 攝影機與紅外線的深度感測，讓 Kinect 可即時的輸出三維位置數據，以每秒 30 格的速率組織兩個 640×480 的圖像。

▲ 圖 6-10　Kinect 感測器

Light Coding 技術理論是利用連續光（近紅外線）對測量空間進行編碼，經感應器讀取編碼的光線，交由晶片運算進行解碼後，產生成一張具有深度的圖像。Light Coding 技術的關鍵是 Laser Speckle 雷射光散斑，當雷射光照射到粗糙物體或是穿透毛玻璃後，會形成隨機的反射斑點，稱之爲「散斑」。散斑具有高度隨機性，也會隨著距離而變換圖案，空間中任何兩處的散斑都會是不同的圖案，等於是將整個空間加上了標記，所以任何物體進入該空間以及移動時，都可確切記錄物體的位置。Light Coding 發出雷射光對測量空間進行編碼，就是指產生散斑。

Kinect 就是以紅外線發出人眼看不見的雷射光，透過鏡頭前的光柵、擴散片（Diffuser）將雷射光均勻分佈投射在測量空間中，再透過紅外線攝影機記錄下空間中的每個散斑，擷取原始資料後，再透過晶片計算成具有 3D 深度的圖像。

Microsoft 另外研發了辨識系統，將得到的深度圖像轉換成骨架追蹤系統，Kinect 最多可以同時追蹤六個人的骨架包含兩人同時動作，從軀幹到四肢都是追蹤的範圍而達成體感操控的目的，爲了增加辨識使用者的能力，Microsoft 也加入了機器學習技術（Machine learning），建立龐大的圖像資料庫，形成智慧辨識能力，讓 Kinect 能自動學習並儲存使用者的姿勢，盡可能了解使用者肢體動作所代表的涵義。

▲ 圖 6-11　Kinect 感應器的 Light Coding 技術

▲ 圖 6-12　Kinect 感應器影像辨識生成技術

Chapter 7 互動應用分析

7-1
人臉辨識系統

人臉辨識系統的發展始於60年代，然而80年代後隨著計算機技術和光學成像技術的發展成熟，而眞正進入初級的應用階段是在90年代後期，並且以美國、德國和日本的技術實現爲主；人臉辨識系統集成了人工智慧、機器識別、機器學習、模型理論、專家系統、影片圖像處理等多種專業技術，同時需結合中間值處理的理論與實現，是「生物特徵識別」的最新應用。

生物辨識系統泛指以每個生物獨有的生物特徵作爲根據，必須具備如右邊的幾種特徵：

- **唯一性：獨一無二的特徵。**
- **普遍性：大衆都有相同的型態特徵。**
- **永久性：特徵不因時間而改變，或者改變得非常緩慢。**
- **可測性：可用精簡的技巧去測量其相似度。**
- **方便性：量測的器具要容易攜帶。**
- **接受性：能被社會大衆們接受的量測方式。**
- **不可欺性：儀器不因僞裝而被欺騙。**

其中生物辨識系統所應用到的「人臉辨識技術」，指利用分析比對人臉視覺特徵信息，進行身分鑒別的計算機技術，廣義來說包括構建人臉辨識系統的一系列相關技術，如人臉圖像採集、人臉定位、人臉辨識、身分確認以及身分查找等；狹義的說法指通過人臉進行身分確認或查找的系統。一般用於手機以及電腦，只要給攝影機確認即可完成辨識，不需接觸到身體，但成本相對較高。

人臉辨識的興起在於其「自然性」和「不易被測個體察覺」的特性。

特性一：自然性

是指該識別方式同人類（甚至其他生物）進行個體識別時所利用的生物特徵相同。例如人臉辨識是通過觀察、比較人臉區分和確認身分。

特性二：不易被察覺

此識別方法利用可見光獲取人臉圖像信息，普遍大衆接受度高，因不易被發現，故識別的訊息更爲直接與眞實。

除此兩項特點之外，人臉辨識技術更具有許多優勢，除了其彈性的辨認距離讓此技術具有較大的自由度之外，亦有畫面捕捉速度快速、臉部辨識符合人類習慣、主動偵測、安裝簡易、管理容易等優勢；以門禁系統爲例，更可協助管理人員辨識員工或訪客，提升服務品質，更直接與現有的保全系統結合，因此，人臉辨識技術容易成爲主流。

臉部辨識技術原理在於利用攝影機擷取臉部的外型與五官的輪廓、間距、位置、大小等特徵，並將這些特徵轉換成數位化資料儲存，將欲比對的臉部特徵與這些資料進行比對。

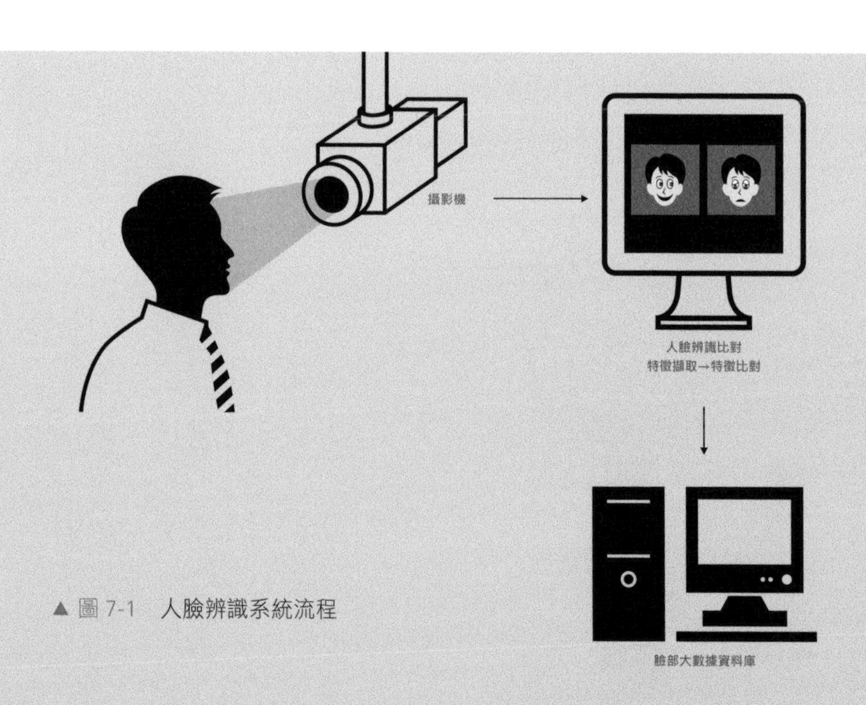

▲ 圖 7-1　人臉辨識系統流程

臉部辨識的比對方式有許多種。以日本 NEC 爲例，其所提供的臉部辨識比對方法可分爲多重比對臉部檢測法、適應領域混合比對法、攝動空間法三種。

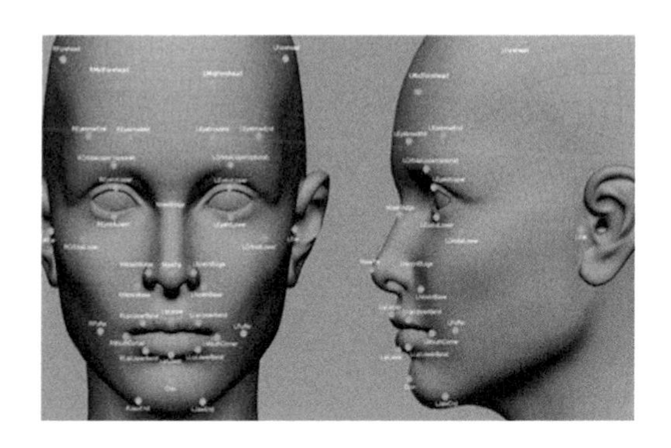

1. 多重比對臉部檢測法

取出臉部區塊的樣貌與資料庫內的資料進行比對，採用神經網路演算法對於臉部正面以外的角度也可快速高精準的進行比對。

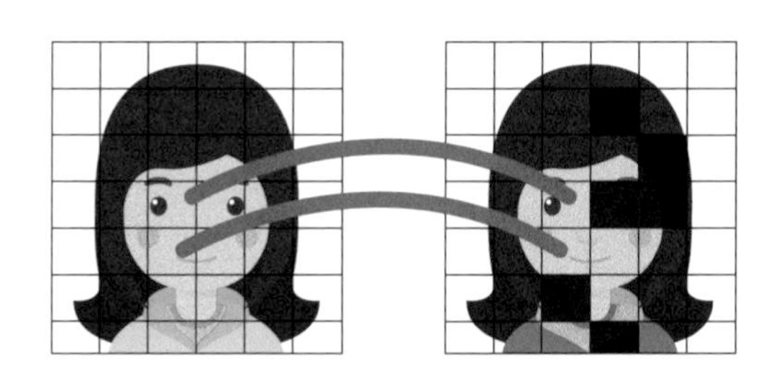

2. 適應領域混合比對法

將欲比對的臉部影像均切割成多個小方塊，並一一比對相對應位置的小方塊的符合度，進而判斷出身分。

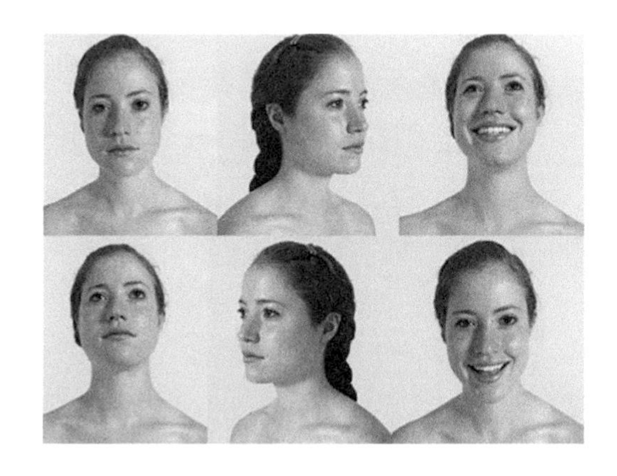

3. 攝動空間法

爲因應比對時欲比對的臉部影像的拍攝角度未必與儲存的資料相同，因此在擷取臉部特徵時便將臉部各個角度的影像都存取下來，以利未來於各種環境下均能進行比對。

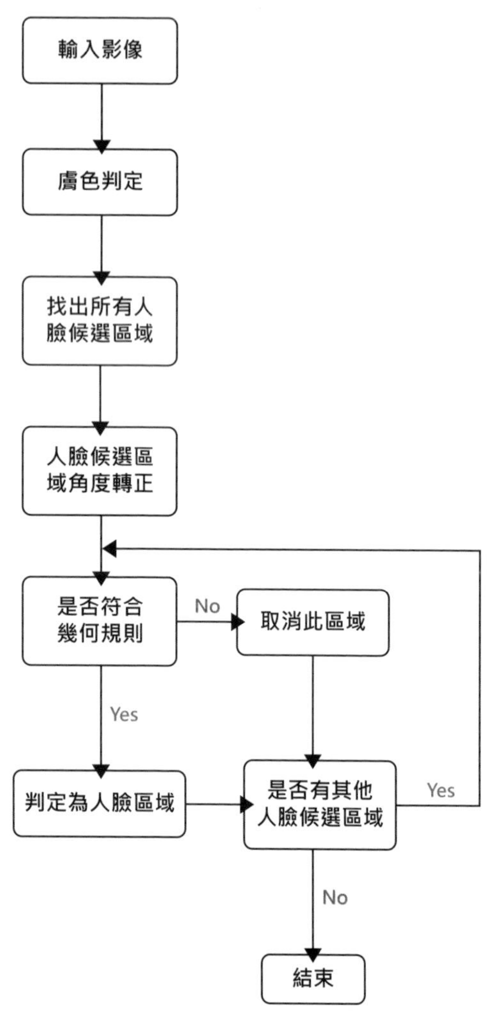

▲ 圖 7-2　臉部區域判別流程

近幾年，陸續有一些實用方法被學者提出，其中包括了以人臉特徵的識別演算法（Feature-based Recognition Algorithms）、以整幅人臉圖像的識別演算法（Appearance-based Recognition Algorithms）、以模板爲主的識別演算法（Template-based Recognition Algorithms），更有以類神經網路進行識別的演算法（Recognition Algorithms Using Neural Network），以及主要元素分析（Principal Component Analysis, PCA）等方法。一個目前被廣泛用來做人像辨識的方法就是主要元素分析，以此方法所建立的人像辨識器通常稱爲特徵臉（Eigenface）辨識系統。

在 2011 年吳明芳、李振興、王炳聰、詹慧珊與黃建邦研究「多人臉影像視覺辨識技術」時，爲了從多人人臉影像中，去尋找所有可能的人臉候選區域（Face Candidate Region），其中運用膚色偵測、影像處理和幾何規則判定等方法，以讓人臉特徵擷取的程序能成功順利的進行。整體流程運作爲：輸入人臉影像，系統依流程圖的各處理程序自動找出可能的人臉候選區域，並經由人臉幾何規則的判定程序，找出眞正的人臉區域。（吳明芳、李振興、王炳聰、詹慧珊、黃建邦，2011）

人臉辨識技術目前可應用於門禁系統、攝像監視系統、網路應用、學生考勤系統、相機、智慧型手機等等。2012年 Google 推出的 Android 4.0 系統首度支援臉部辨識功能，使用者可利用行動裝置的攝影鏡頭將自己的臉部影像拍下並儲存，此後欲解開螢幕鎖定時，便可選擇將鏡頭對準臉部，利用臉部辨識功能取代過去的滑動觸控解鎖。

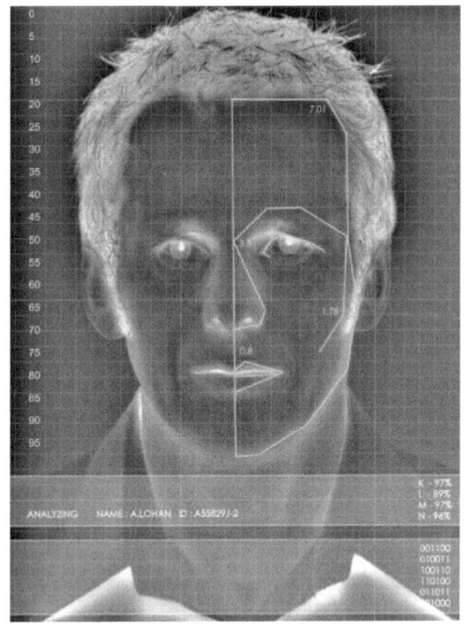

▲ 圖 7-3　3D 人臉辨識技術

Apple 亦於 2012 年 9 月通過一項名爲「Locking and unlocking a mobile device using facial recognition」的臉部辨識與解鎖專利。此專利技術會自動辨識使用者的臉部是否在行動裝置螢幕前，若有則比對符合後維持解鎖狀態，若無則自動進入螢幕鎖定狀態，當使用者臉部再次出現在螢幕前時，則再進行比對解鎖。

7-2 動態感應裝置

動態感測器檢測的三維運動已在商業應用了數十年，廣泛運用於汽車、飛機、輪船等。然而，動態感測的概念在初期時，其大小、能源消耗以及價格方面等問題，阻礙了其在消費性電子產品業的發展，使其無法大規模的普及。雖然如此，在市面上仍有其他類型的動態感應技術，其中有四種主要的動態感應類型是較爲重要的，包含加速度感測器、陀螺儀、指南針和壓力感測器。

▲ 圖 7-4a　innovati 加速度計 Accelerometer 3A

一、加速度感測器（Accelerometers）

加速度感測器計測量線性加速度和傾斜角度。單軸和多軸加速度感測器檢測到旋轉與重力加速度的大小和方向。可用於提供有限的動態感測功能。例如，一個加速度感測器的設備，可以檢測從垂直到水平的狀態在一個固定位置旋轉。因此，加速度感測器主要用於消費性電子設備上，如改變行動裝置設備的螢幕，即可從縱向轉到橫向的簡單動態感測應用。

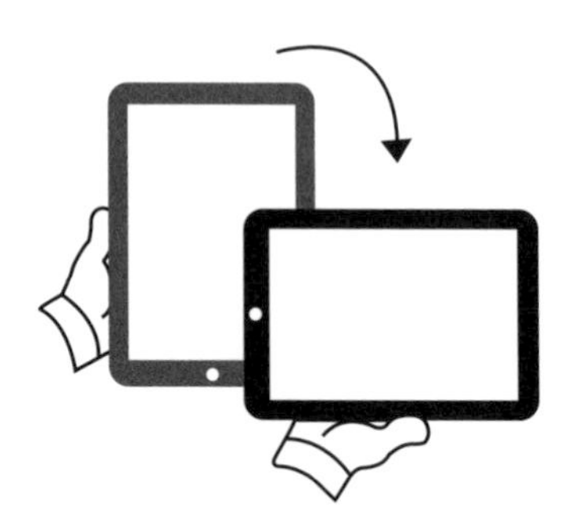

▲ 圖 7-4b　行動裝置縱向轉到橫向的動態應用

二、陀螺儀（Gyroscopes）

陀螺儀可以測量一個或多個軸向旋轉運動的角速度計。在多維的空間中準確地測量複雜的動態，不像加速度感測器只能偵測一項運動，即一個已移動的對象，或是在某一特定方向移動的物體位置與旋轉方向。另外，陀螺儀不會受到外部環境因素的影響而產生誤差，如引力和磁場的影響。因此，陀螺儀是大大提升動態感測技術的極佳設備，被用於先進的動態感測應用設備中，如動態感測和模擬影片遊戲。例如：任天堂的 Wii MotionPlus 配件或任天堂的 n3DS 皆採用陀螺儀技術，現今許多智慧型手機或是平板電腦亦都具備了陀螺儀的裝置。

▲ 圖 7-5a　陀螺儀

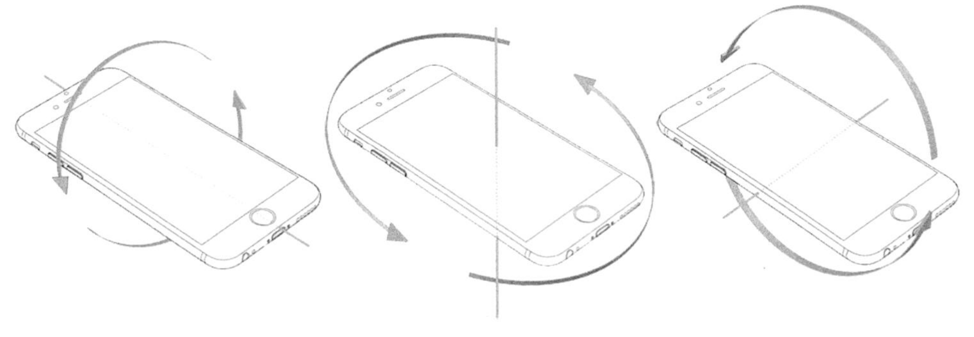

▲ 圖 7-5b　行動裝置三個軸轉動的角度與方向

三、指南針（Compasses）

磁性感測器，通常指用來檢測磁場和測量自己的絕對位置相對於地球的磁北極附近的磁性材料。來自磁性感測器的信息，也可以用來自其它感測器如加速度計，用於糾正錯誤。磁性感測器在消費性電子設備中使用，用來調整顯示使用者正在的地圖方向。

▲ 圖 7-6　行動裝置指南針的動態應用

四、壓力感測器（Barmeters）

壓力感測器，也亦指透過分析大氣壓力的變化來測量相對和絕對的高度與氣壓。壓力傳感器可用於運動健身，或基於位置的高程信息的應用中，可以是有價值的消費電子設備。

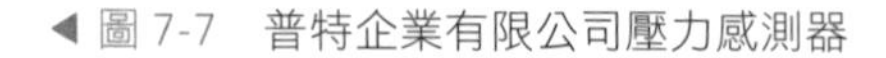

◀ 圖 7-7　普特企業有限公司壓力感測器

動態感應裝置（Motion Sensor）的概念目前盛行於消費性電子市場上，主要因素是任天堂的遊戲機 Wii 和蘋果（Apple）的智慧型手機 iPhone。Wii 以搖桿遙控器的概念，可 360 度操作的人機互動方式，利用 CMOS 感應器偵測方向的原理，讓這種動態感應的概念一夕成名；而 iPhone 讓手機螢幕自動感應垂直或水平擺放而調整畫面，也是相同的原理。

旺玖與日系鋼鐵大廠合作開發的產品無線動作感測器（Motion Sensor），主要是利用高靈敏度的磁鐵，在感應器上做偵測，也就是利用磁性的原理作爲感應的基礎，來判斷移動方向角度和定位，與 Wii 供應商原本的技術概念相似，但原理不大相同，旺玖主要是提供其中的控制晶片，再由日系廠商以模組形式出貨。（連于慧，2007）

動態感應爲一種裝置，用來檢測移動的物體，特別是人。大多數的動態感應裝置可以檢測 15-25 公尺的距離，一個動態感應器通常被用來組成爲一個系統，自動執行一個任務或提醒使用者的一個組成元素。動態感應器是安全系統的重要組成部分，現多用於住宅和商業應用上，例如：自動燈光控制，能源效率、戶外運動的激活照明系統、動態感應路燈，也可以用來連接防盜系統和其他有用的系統等等。

在動態感應器中檢測光譜的四種類型包含：被動紅外線（Passive Infread）、超音波（Ultrasonic）、微波（Microwave）、層析動態檢測器（Tomographic Motion Detector）。

被動紅外線

感應身體的熱量，因為沒有從感應器發射能量，因而稱作「被動紅外線（PIR）」。在電子防盜探測器領域裡非常廣泛使用，優點是技術穩定與價格門檻低；缺點是容易被熱源干擾，有時會造成短暫失靈。

超聲波

又稱超音波，發出超聲波脈衝來測量移動物體的反射。廣泛的應用於醫學與工業領域，部分動物的耳朵特殊結構可聽到超聲波，例如海豚、蝙蝠等。

微波

波長範圍介於紅外線與無線電波的電磁波，發出微波脈衝來測量移動物體改變的反射。廣泛應用於無線網路、微波爐、雷達科技等。

層析動態檢測器

它們可以穿過牆壁和障礙物，具有穿過所有檢測區域的能力，因而用來檢測無線電波的干擾。

▲ 圖 7-8　InvenSense 的動態處理

7-3
快速響應矩陣碼（QR Code）

條碼的應用在不知不覺間已經融入日常生活，隨著資訊化的高度發展，QR Code 等所謂「二維條碼」的規格因應而生；有別於傳統條碼以紅外線掃描器取像辨識的一維條碼，QR Code 的資料運算包含了直式以及橫式，底（橫式）乘於高（直式）產生了 2D（Two Dimensions）的面積，儲存內容加倍，所以，QR code 在中文則有了「二維條碼」稱呼。

QR Code 由日本企業 Denso Wave 於 1994 年開發，它原本的名字是 Quick Response Code 為「快速反應條碼」的縮寫。QR Code 是目前日本應用最廣泛的行動條碼（吳秀春，2007）。Denso Wave 雖然持有 QR Code 的專利權，但不行使其權利，開放給任何人免費使用。

QR 碼呈正方形，原有黑白兩色，近年也研發出多種顏色，甚至各種圖形出現。在 4 個角落的其中 3 個，印有較小，像「回」字的的正方圖案。這 3 個是幫助解碼軟體定位的圖案，使用者不需要對準，無論以任何角度掃描，資料仍可正確被讀取。QR Code 除了可以編碼數字與英文字母外，對於日文以及日文之漢字亦有其相容性，因此可將此平臺應用在英語或是日語的學習上（劉金嬋，2007）。

QR Code 最初是為了汽車零件倉儲管理而開發。在日本隨處可見 QR Code 的蹤影，例如廣告傳單、雜誌、入境許可證等等。臺灣近幾年也逐步推廣 QR Code 的使用，主要是 3G 手機的行動服務，需要有製碼產生器與手機解碼端兩者搭配解讀，且依各家廠商所製作產生器的不同，而有不同的內容產生，內容形式包含網址、郵件、簡訊、短文等。QR Code 最顯著的優點，即為取代冗長的 web 網址或大量資訊的輸入，使用者可輕易地讀取，立即使用與儲存資料（晁瑞明等，2007）。

▲ 圖 7-9a　2012 威尼斯建築雙年展中，俄羅斯以 QR Code 數位科技建築

除了容量大的優勢之外，網路上可以很輕易地找到 QR Code 的解讀軟體，與 QR Code 產生器，這是一個開放式的平臺，使用者製造行動條碼時，不需要支付任何費用。QR Code 亦不需列印，只需在 Mobile、30 萬畫素以上照相手機等行動裝置安裝 QR Code 解碼器即可辨識，解碼器可以內建也可以自行上網下載放入手機，就如同隨身攜帶小型條碼機，不僅可省下標籤、讀取機的費用，且製作 QR Code 條碼相較於 RFID 的標籤製作容易，所花費的成本也不會太高。

現今手機與人類生活密不可分，民眾隨身都攜帶手機，能夠隨時以照相手機取像，判讀條碼內的資訊，這讓二維條碼形成一種消費工具，創造更多商業應用。QR Code 更可與 Mobile Internet 及 MMS 結合其運用於生活上的便利，利用行動裝置讀取消費品上二維條碼的內容來管理、監控、查詢等功能，來發揮其最大的效益。

QR Code 有具抗汙性、容錯功能、文字條碼化、快速反應、儲存量大、製作成本低、可傳眞複印、客製化、數位內容下載、資訊加密及防僞、亞洲字元編碼能力、360 度全方位讀取、結構可附加、規格開放等特性。功能上則主要有四類：網址連結、數位內容下載、身分鑑別、商務交易自動化文字輸入。（曹筱玥、陳樊瑜，2009）

而在目前 QR Code 應用在導覽呈現的方式上，可歸納出以下幾種方式：DM、手冊、地圖、教科書等平面式媒體印製；置入投影螢幕呈現中；置入室內動線裡，跟隨動線進行導覽；戶外、室內定點是拍攝導覽。

在臺灣的各博物館中也已漸漸融入 QR Code 技術，並將展覽與之結合，提供使用者一個創新的服務以及全新的感受。而在 2012 威尼斯建築雙年展中，俄羅斯以 QR Code 數位科技建築，成爲超人氣國家之一，它不僅用建築描述現代科技的生活型態，更讓我們看到未來可能的實驗性空間。展館內部由數以萬計的 QR Code 完全包覆環繞整個空間，並運用玻璃、光線、與空間三者交互投影、折射讓二維條碼充斥整棟建築。參觀者可自由拿取參展單位準備的 IPAD 掃描牆上 QR 碼，相較於傳統式的展覽，手上拿了各式各樣的紙本簡介，數位科技的無紙化將成爲人類的環保共識，爲 QR Code 的服務帶來了另一項嶄新的意義。

▲ 圖 7-9b　數位科技應用於展覽中

7-4
無線射頻辨識（RFID）

RFID（Radio Frequency Identification）技術的發展歷史悠久，最早可上溯至二戰時期的敵我識別。由於 RFID 技術具有可不經接觸，即可藉由訊號識別移動與固定物件的特性，相當適合用以辨識、管理與監測各類物件，鑑於 RFID 技術的特性，RFID 技術經常被用於對象的跟蹤，例如：庫存控制，物件追蹤，供應鏈管理，交通通行和行李識別。

因此，政府的機密文件的 RFID 系統是 RFID 領域增長最快的市場，在 2008 年，已擁有近 20 億標籤應用在所有領域中。在日常生活中，人們越來越頻繁的攜帶和使用 RFID 標籤，其中標籤包含了訊息或已儲存識別資訊於別處的機器。

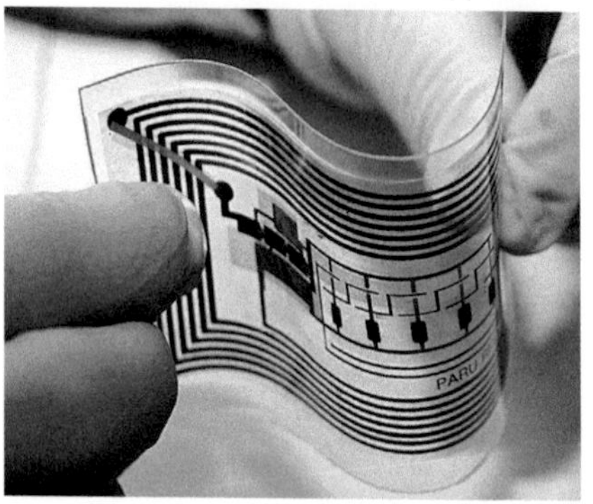

▲ 圖 7-10　RFID

含少量或幾乎沒有個人資訊

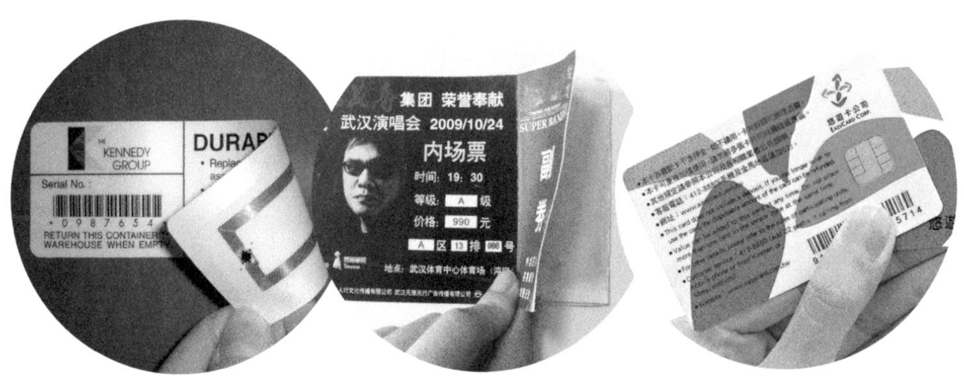

衣服標籤　　演唱會門票　　悠遊卡

累計性個人資訊

客戶會員卡

含有具隱私性的個人資訊，如生物特徵識別數據。

護照　　信用卡

由於 RFID 技術具有可不經接觸，即可藉由訊號識別移動與固定物件的特性，相當適合用以辨識、管理與監測各類物件。而超高頻 RFID 技術除了有較遠的傳輸距離，也可一次讀取多個標籤，獲取物件相關訊息，搭配適當應用程式之後，可有效迅速蒐集大量物件的相關資訊，即時呈現欲管理的物件之細節資料與概況，提供可支援決策的相關資訊，故已被應用於物流業、醫療業、畜牧業、農業、保全業、車輛管理等諸多產業中。

RFID 技術由 RFID 標籤、RFID 讀寫器，和可支援 RFID 的軟體應用程式和系統所組成，此三部份協同運作即構成 RFID 得以運作的技術內涵。

RFID 標籤

內部包含晶片和天線，標籤可依其內部晶片是否含有電源，分為主動式和被動式標籤，主動式標籤可重複讀寫，記憶體容量較大，傳輸距離較遠，但成本較高；被動式標籤則雖效能弱於主動式標籤，但成本較低，企業導入的門檻亦較低。RFID 內部的晶片具有「唯一識別編碼」，可供讀寫器識別其附著之物件資訊。

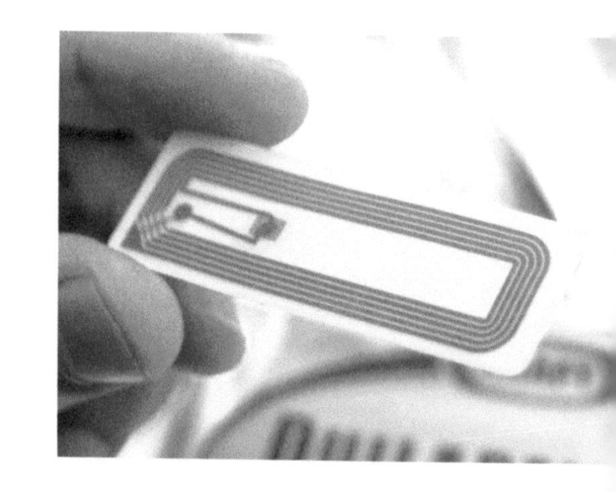

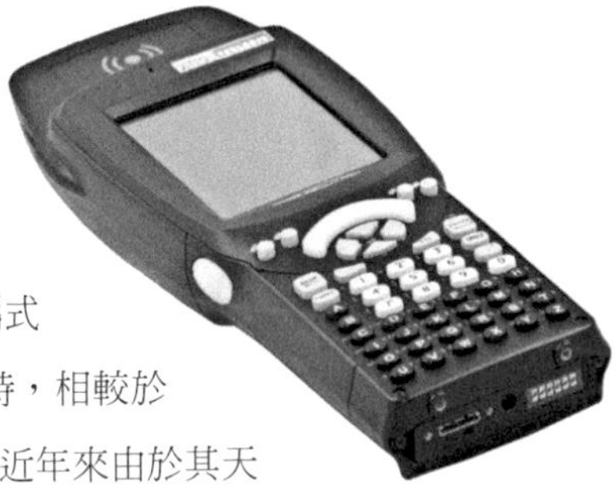

RFID 讀寫器

不需直接接觸，透過訊號傳遞，即可讀取與寫入資料至 RFID 標籤中，依是否可移動歸爲固定式和可攜式兩大類。超高頻 RFID 標籤和讀寫器在技術發展初期時，相較於高頻和低頻段的產品，成本偏高。但超高頻 RFID 標籤近年來由於其天線製作方式上，從傳統成本較高的銅刻蝕或鋁刻蝕法，但改採電鍍銅技術後，使標籤製作成本得以降低，對於超高頻標籤的應用普及化有加分之效。

RFID 軟體應用程式與系統

若要運用和管理 RFID 讀寫器所判讀的 RFID 標籤內含訊息，則需要可支援 RFID 的軟體應用程式與系統的協助。

依照工作頻率，RFID 可分爲四種：低頻、高頻、超高頻與微波等。一般而言，在沒有外界干擾下，RFID 的讀取距離與工作頻率的高低成正比。

RFID 技術早已被各大產業應用，例如：製造業、物流業、交通門禁、醫療產業、銷售業、生態產業、航空業以及生活應用。RFID 技術將「個人」、「物品」與「環境」結合，將科技與現實生活連接，因此，在 RFID 被廣泛應用於商業產業的同時，RFID 技術也在展示科技方面發現了新的契機。

▼ 表 7-1　RFID 技術頻率分類

頻段	低頻（LF）	高頻（HF）	超高頻（UHF）	微波（uW）
頻率	125～134KHz	13.56MHz	433Mhz、860～960MHz	2.4GHz、5.8GHz
傳輸方式	電感耦合	電感耦合	電磁後向散射耦合	電磁後向散射耦合
標籤讀取距離	＜ 60cm	～ 60cm	3m ～ 100m	1m ～ 50m
資料傳輸率	4 Kps	27 Kps	100 Kps ～ 640 Kps	40 Kps
讀寫器價格	低	低	高	中
標籤價格	低	中	低	高
特性	傳輸距離最短、成本較低、可存取資訊量較少、標籤尺寸相對較大、無法進行多標籤讀取、不受水、金屬等物質的反射所影響。	較低頻傳輸速度快、可辨識多標籤、抵抗雜訊能力也較強，為目前應用最廣泛的一種標籤頻段。	先前缺點為會被水或金屬所反射，但此問題已被部份廠商客製化的產品所克服，且標籤製作成本亦因天線製造方式改良而下降。 優點有標籤尺寸較小，傳輸速率快、可較快速的讀取大量標籤、可重複使用、具有多樣形式標籤等。	特性和應用與超高頻相似，因此也易受水和金屬的反射，影響訊號傳遞。目前尚未完全標準化，標籤設計的自由度也較高，但缺乏共通標準亦會產生各家廠商規格相容之問題。

資料來源：MIC，2012年4月

Chapter 8 超展示設計之應用

8-1

投影技術應用案例

一、3D 立體投影（3D Projection Mapping）

立體投影是什麼呢？和一般投影機投出來的畫面有什麼不同呢？立體投影通常投射在立體物上，立體物可能是不規則或多面體，而因應被投物的立體投影面，需要透過 3D 模型模擬動畫，了解立體物陰影面及視覺效果。所以在呈現立體投影時，會使用多臺投影機抑，或是利用程式對位，讓投影的內容能符合在立體被投物上。現今在戶外活動或是廣告行銷都有許多 3D 立體投影的案例，例如：車體投影、牆面投影、樓體投影及水幕投影等等。

Luxgen Design 光雕投影秀

2011 年在南港展覽館所舉辦的臺北世界設計大展中，Luxgen Design 於展覽中設計 3D的立體光雕投影秀，將實物與光影技術結合，爲觀者帶來一種新的視覺享受。

▲ 圖 8-1　LUXGEN Neora 光雕投影技術

奧運 3D 戶外投影秀

2012 年為迎接倫敦奧運，讓奧運開幕熱血開場，中華電信與臺達電攜手合作，首度融合科技、體育、文創三大主題，選定西門紅樓作為奧運 3D 戶外投影的舞臺，運用其獨特的八角型建築外觀，動用多達 12 臺大型劇院級投影機，打造 3D 戶外燈光秀，以聲光震撼邀民眾一同倒數奧運開幕。

奧運 3D 戶外投影秀高達 318 平方公尺，融合虛擬實境與真人演出，以點燃奧運聖火壯麗開場，為現場觀眾帶來立體魔幻的視覺體驗，引領民眾細數中華奧運選手感動時刻，同時前進倫敦奧運場館，感受體育殿堂魅力。

▲ 圖 8-2　2012 年 3D 奧運戶外投影秀

巨光奇影 3D 魔幻聲光秀

2013 年由臺南市政府主辦的奇觀藝術規劃，使用將近十二臺投影機，投影距離 200 公尺、影像尺寸寬 100 公尺及高 60 公尺、影像總解析度高達 6646×2820 的大型光雕秀，於臺南市政府前盛大展開。

▲ 圖 8-3　巨光奇影 3D 魔幻聲光秀

2017 新北市歡樂耶誕城—投影聲光秀

360 度 3D 光雕投影耶誕樹 X 市府大樓 3D 光雕投影

2017 新北市耶誕歡樂城的光雕投影範圍包括市府大樓、耶誕樹及板橋車站，由新加坡的光雕團隊 Hexogon Solution 精心打造，事前經過詳細的建築測量並建置精準的 CAD 模型，爲了讓投影效果更加立體、開發令人驚艷的特效場景，利用多種光學錯覺技術及演算繪製技術來創造 3D 視覺幻象。

光雕投影範圍達 8,794 平方公尺，所使用的高規格投影機投射約達 360 平方公尺，並放置兩臺投影機重疊投影提升亮度與彩度，邊緣融合達到無縫銜接，使整個畫面達到一體全景的聲光效果。

▲ 圖 8-4　2017 新北市耶誕歡樂城的光雕投影

二、浮空投影

浮空投影於視覺上會產生逼眞的立體感，彷彿眞實的人與物映入眼簾，此技術是通過不同的方位和角度觀察照片，紀錄被拍攝物體的各個角度，可得到立體視覺，創造虛實影像結合的新體驗。現今常用於發表會、演唱會、博物館、劇場活動等，再搭配整體的舞臺設計、布幕、燈光及動畫的表現，呈現更多的驚奇震撼感。

臺北館未來劇場

臺北未來劇場是臺北案例館裡的一個浮空投影空間。在偌大的金字塔裏頭，下方是臺北的盆地模型樣貌，上方則是搭配影片做浮空投影，讓所有坐在金字塔四周的人都能無死角的看到影片。影片以「Better Taipei, better Life」爲主題，強調無線寬頻、資源回收以達到永續社會的理念。

1. 常見爲三角錐體或倒三角形。
2. 多用於商展、行銷活動。

▲ 圖 8-5　未來劇場浮空投影裝置（天工開物）

▲ 圖 8-6　蜃樓全景圖（黃心健）

蜃樓

黃心健

蜃樓是一個結合互動、立體投影、浮空投影、舞蹈、樂手與演員的表演，在臺灣著名的歷史古蹟霧峰林家的福州戲臺大花廳演出。在 921 地震崩塌後歷經了 13 年的漫長修復工程，以 18 臺投影機創造 180 度半環場的 3D 建築投影場景。演出分爲十一個曲目，將古厝本身的記憶轉化爲投影，讓觀衆在古厝的懷抱中觀賞她的夢境。

自由之心

SHOW HER, HER SHOW x

曹筱玥數位藝術個展

自由之心是一個結合三臺投影機、紗幔、畫框以及雷射切割的浮空投影作品，透過浮空投影技術來呈現3D的立體視覺效果，意喻隨著不同的人生目標與階段、時快時慢、不同輪播。而我們身在其中，循著不同的軌道與方向，打造各階段的無線夢想。期待觀眾能從這件作品中，更實際的將努力投入不同階段目標的實踐。

S.H.E 世界巡迴演唱會

2013年S.H.E於臺北小巨蛋舉辦世界巡迴演唱會，其中一段表演橋段是將舞臺打造成全息浮空立體投影幕的效果，表演同時有數個分身顯現於舞臺，讓觀眾、粉絲們目不轉睛，且為全亞洲大型演唱會中，首先使用浮空投影技術表演的偶像團體。

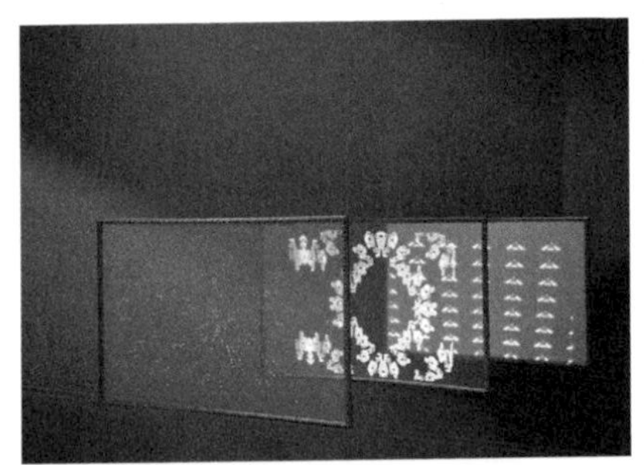

▲ 圖 8-7　自由之心側視圖與前視圖

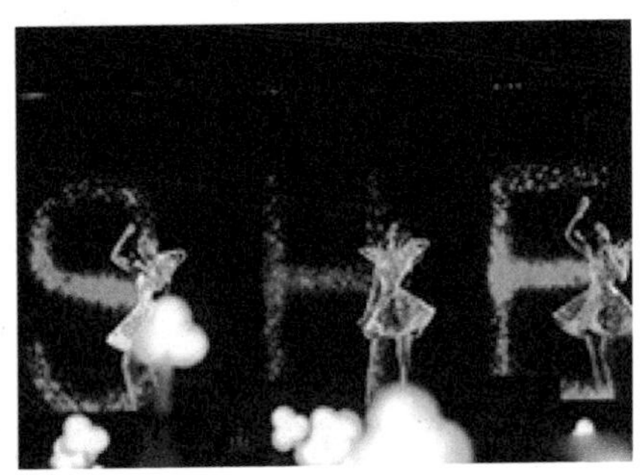

▲ 圖 8-8　S.H.E 巡迴演唱會浮空投影

鄧麗君再現 3D 巡迴演唱會

十億個掌聲 x 時空演唱會

說到「十億掌聲」，最直覺的反應是鄧麗君。在這 3D 時空巡迴演唱會的 120 分鐘的時間裡，打破空間與時間的界限，猶如完成一場「時空旅行」，臺上真假難辨的虛擬與真人，過去與現在的演唱會，此次「復活」技術，真真實實的做到每一個眼神、髮絲、表情、身體語言以及氣質等細節全方位動態的呈現，演唱會的歌曲也並非只是原音播放，而是經過全新處理令觀眾感受到一個真實的鄧麗君就在觀眾面前。

▲ 圖 8-9　鄧麗君再現 3D 巡迴演唱會

三、球型投影

球型投影主要是利用大尺寸的圖片影像內容進行無縫拼接，實現特殊曲面甚至球面的全景影像，在視覺上能 360 度全方位進行展演效果，常應用於科普教育、展覽、廣告娛樂等。

全球暖化

氣象好好玩　球型投影看暖化

中央氣象局推出局慶特展活動，氣象局大廳內放置一顆逾 1.7 公尺的巨大球型投影，用來說明地球大氣變化、地球暖化的現象，以 3D 影像技術，讓人一窺地球暖化所帶來的衝擊。

▲ 圖 8-10　球型投影看暖化（欣新聞）

天堂之環

「托爾劇團」創立於 1998 年，擅長使用影像、肢體表演及音樂等形式呈現演出，是比利時著名的國際音樂劇場表演團體。2012 年獲邀參與英國倫敦奧運表演。此次於桃園舉行的 2013 廣場藝術節呈現其經典作品《天堂之環》，將桃園在地的城市文化景象投影在直徑達八公尺的圓環投影幕上，做爲整場演出的背景與主軸。《天堂之環》爲一齣完全在空中進行的演出，將融合歌唱、舞蹈及電影般的影像，創造令人目眩神迷的視覺效果，此作品說明當世界的黑夜降臨時，人們應該相互團結的意涵，天使則象徵著天堂與人間的平衡。

▲ 圖 8-11　天堂之環（研究者攝影）

8-2
微定位技術應用案例（Beacon）

Beacon是一個小而廉價的裝置，是一種低功能耗損的藍牙技術，可以主動偵測在範圍內開啓的藍牙，並對這些藍牙傳達推播訊息，來達到廣告宣傳的效果。Beacon的技術應用非常廣泛，目前最常見的是架設在百貨零售、體育場、博物館等公共室內空間，對於進入範圍內的使用者發送優惠通知或是導覽資訊。

以往的博物館導覽，大多使用專人導覽或是耳機語音導覽，然而隨著Beacon的興起，博物館導覽也多了一項新選擇。當遊客在進入博物館的時候，周邊所架設的Beacon就能精確的搜尋到遊客的位置，並經由藍牙對遊客手機或是行動裝置發送目前館內的展覽資訊，讓遊客快速且方便得到博物館最新資訊。

Beacon在博物館的應用實例

英國國家岩板博物館（National Slate Museum）

在2014年8月，位於英國北威爾斯的國家岩板博物館正式使用Beacon技術，也是全世界第一個將Beacon技術應用至導覽的博物館，博物館內總共架設了25個不同內容的Beacon裝置，讓遊客利用自身攜帶的行動裝置，就可以輕易得到博物館各項展品的詳細資訊。

▲ 圖8-12　利用Beacon技術取得博物館展品資訊

▲ 圖 8-13a

魯本斯之家（The Rubens house）

2014年，位在比利時的安特衛普美術館「Antwerp Museum」（魯本斯之家）導入了 iBeacon 相關技術及設施。除了可以利用 Beacon 發送資訊之外，魯本斯之家將此技術發展得更加全面，只要下載博物館製作的 APP，就可以在看展的同時，利用行動裝置玩簡單的小遊戲，與靜態的展品增加互動，並利用了 Beacon 的室內定位系統，行動裝置會告訴遊客應該依循的參觀路線，比起傳統的告示牌來得更有吸引力，其中最特別的是，博物館內的每一項展品，在經由藍牙傳送資訊至行動裝置之後，都可以看見經由 X 射線後所呈現的樣子，可以任意的放大縮小，仔細的觀賞館內的所有畫作。

▲ 圖 8-13b

圖 8-13a 利用 Beacon 尋找館內展品的位置

圖 8-13b 利用 Beacon 規劃參觀路線

波蘭霓虹博物館（The Neon Museum）

波蘭的霓虹博物館也同樣利用 Beacon 作爲個人專屬導覽員，有了 Beacon，只需要使用自身的行動裝置，遊客就可以盡情的欣賞博物館內的展品，不再需要特別租借設備。Beacon 對於任何遊客來說都是非常方便的技術，特別是對視障人士而言，因爲 Beacon 所擁有的定位技術，視障人士可以更加輕易的知道自己位於哪一項展品前面，不再需要透過其他的特殊協助。

▲ 圖 8-14 利用 Beacon 技術取得博物館展品資訊

8-3 快速響應矩陣碼應用案例（QR Code）

一、博物館展覽運用

由於 QR Code 在行動裝置上的使用非常便利，故十分適合應用於展品的導覽；現今已逐漸的被運用在地圖語音導覽、行動觀光導覽、歷史文物導覽或是各大博物館中。未來廣泛運用在各種展覽，利用手機多媒體功能還可近觀展物的 3D 影像。

QR Code 應用在導覽呈現之方式：

- **DM、手冊、地圖平面式媒體印製**
- **置入投影螢幕呈現中**
- **置入室內動線裡，跟隨動線進行導覽**
- **戶外、室內定點式拍攝導覽**

▼ 表 8-1　QR Code 的特性應用於導覽

應用於導覽案例	呈現方式
大同技術學院配合教育部發展重點計畫，研發嘉義市行動觀光語音導覽地圖，接收語音與文字導覽。（余雪蘭，2007）	QR Code 印製於觀光地圖導覽；導覽手冊。 放置不下版面的文字可轉換為條碼進行資訊更新與內容補充。
臺北歷史博物館的展品導覽運用，只要用手機拍下導覽手冊上的行動條碼，就可用手機觀看文物簡介，或是用手機聽導覽介紹。未來可廣泛運用在博物館導覽，利用手機多媒體功能還可以近觀文物的 3D 影像。（聯合報，2007）	
中華電信與宜蘭縣宣佈啟動行動臺灣－宜蘭計劃，在觀光導覽應用上，遊玩時只要遇有 QR Code 觀光看板，以導覽機快速掃描就能連上宜蘭縣政府設置的觀光網站閱讀景點內容介紹。（iThome，2008）	將 QR Code 印製戶外觀光「定點式看板」，隨著個人所在位置的不同，而提供不同的「位置告知」行動資訊。
創作者黃博志與吳文成將動態的 QR Code 錄像，讓觀賞者藉著手機拍攝作品，連結到每一幅不同的 QR Code 所指定的影片片段。（2007）	QR Code 本身成為訊息載體運用於數位藝術。呈現方式為螢幕投影。
2007 年第五屆臺灣設計博覽會在臺南縣蕭壠文化中心舉辦，在這次臺灣設計博覽會 14 館的展出特色，製成「QR Code」，置入館區平面地圖動線上，透過「QR Code」應用，對展出的所有作品加深認識。（中央社，2007）	置入室內動線裡

資料來源：曹筱玥、陳樊瑜，2009

▲ 圖 8-15　國立臺灣科學教育館

國立臺灣科學教育館

科教館以 QR code 輔助導覽服務，陪著觀眾一起前進五樓「探索物理世界」，在「擺」、「簡單擺與複合擺」、「牛頓擺」、「共振擺」以及「蛇擺」中一起搖搖擺擺。

▲ 圖 8-16　國立臺灣歷史博物館

國立臺灣歷史博物館

提供個人化的智慧導覽服務，觀眾可使用個人智慧型手機或行動裝置，掃描展板上之 QR Code，查閱園區地圖、參觀服務、當期展覽及活動資訊等。

▲ 圖 8-17　國立自然科學博物館

國立自然科學博物館

提供持有智慧型手機的民眾透過 QR Code 碼的掃描功能，即時閱讀和收集科博館精彩展示內容及週邊吃喝玩樂旅遊資訊。活動期間集滿六組 QR Code 碼的觀眾，還可以兌換限量精美小禮物。

袖珍博物館

亞洲第一家以袖珍藝術爲主題收藏的博物館，收藏相當多袖珍作品，大部分是縮小 12 倍的娃娃屋。目前在官網上開放博物館地圖 QR code 下載，可將地圖存至手機內，方便參觀者事先了解館內的參觀動線。

▲ 圖 8-18　袖珍博物館

國立臺灣文學館

使用 QR Code 軟體直接掃描有海馬圖案的 QR Code，即可進入母語文學的數位世界，並配有音效，讓眼與耳同時體驗母語文學的溫柔與精采。

▲ 圖 8-19　國立臺灣文學館

花蓮七星柴魚博物館

提供觀衆掃描 QR Code，連結進入活動網頁填寫資料並參與投票，即可參與博物館柴魚禮盒抽獎活動。

▲ 圖 8-20　花蓮七星柴魚博物館

二、觀光娛樂產業

QR Code 除了被應用於博物館、藝術展館之外，現也適用於觀光、商業、娛樂等用途，藉此隱藏更多資訊讓遊客自行挖掘。

臺中彩虹眷村

彩虹眷村 x 彩虹爺爺畫作

彩虹眷村在牆面上的圖像旁邊放置 QR Code，藉此方式讓遊客了解每個圖畫所想表達的意涵與情境，將每一個畫作裡的人物簡介與故事隱藏在 QR Code 裡，不破壞畫作的美觀，賦予其一段重要的回憶，也蘊含了濃厚的歷史韻味。

▲ 圖 8-21　臺中彩虹眷村

2013 年臺灣設計師週

Pinkoi 在臺灣設計師週的尋寶遊戲！

一年一度的臺灣設計師週，2013 年於臺北花博爭豔館舉辦，其中 Pinkoi（設計商品購物網站 / 設計師網路社群）於展覽中推出尋寶參加抽獎的活動，藉由手機應用程式於展場中找出任務中的指定商品，且掃描該商品其 QR Code，就可參加活動抽獎，除此之外，也達到觀眾參觀及記錄的目的。

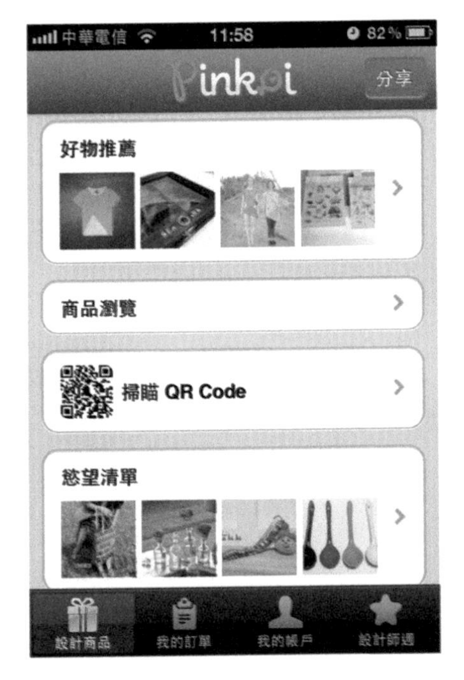

▲ 圖 8-22　Pinkoi App 截圖畫面

25TOGO DESIGN

遊戲宣傳手法吸引人潮！

25TOGO 於 2013 年的臺灣設計師週，一改以往販售商品的風格，與其他設計品牌的展出型式截然不同，讓參觀者參予遊戲藉此宣傳其商品，並運用 QRCode 來呈現，從展板上眾多的蛋炒飯積木中進行解謎並取得密碼，才能獲得每日限量的商品，不僅達到宣傳商品的功能，也成功吸引人潮的目光並使其駐足於攤位中。

▲ 圖 8-23　25TOGO 展示情形

除了上述所提及之技術案例，更一再的顯示了現今新媒體藝術與互動科技使用的普及，而從每一次的展演案例中，都見證著新媒體科技的多元變化，就像是個可以不斷塑形的黏土，在每一次的展演中呈現不同的新風貌，帶給參觀者及社會一個新的衝擊與刺激，提升生活文化水平，不僅獲得了感官上的享受，更增添了生活中的樂趣。

▼ 表 8-2　新媒體藝術展演感官體驗之技術應用分析

	視覺	嗅覺	聽覺	觸覺	肢體	其他
上海世博會	全景投影 浮空投影 球型投影 曲面投影 環型投影 3D、4D、5D 投影 地面投影 LED 螢幕	感應器偵測	話筒感測	觸控螢幕 觸控桌 水中液晶觸控式螢幕 智慧型手機 壓力感測	距離圖像傳感器 壓力感測 投影機偵測	RFID 擴增實境 笑臉偵測 人臉識別 Bar Code
奧地利林茲電子藝術節	投影 雷射投影 擺動器 影像轉譯器		聲音感測	電磁感應 紅外線感應 記憶合金致動器 微感應控制器 重力感測	攝影機	雲端空間 即時運算 網際網路 資料擷取 漫畫效果軟體 馬達 彈射器 人臉識別

	視覺	嗅覺	聽覺	觸覺	肢體	其他
日本 ICC 數位藝術中心	投影		麥克風		攝影機	晶片 繼電器
動力藝術節	LED 燈 太陽能光感		螺旋狀揚聲器 聲音感測器	近場感應器	攝影機	網際網路 訊號模組 馬達 電動滑輪
法國方塊藝術節	虛擬實境 3D 地圖 智慧型金屬薄片 投影		麥克風	智慧型手機 觸控螢幕	地理定位 紅外線感應 攝影機	QR Code 電腦運算
阿根廷 404 電子藝術節	投影			智慧型手機 觸控螢幕	攝影機	熱感應 列表機 網際網路
美國紐約電子藝術節	投影		耳機	觸發器	攝影機	Max/Map 軟體 Ableton Live 軟體

	視覺	嗅覺	聽覺	觸覺	肢體	其他
德國媒體與藝術中心	投影 LCD 平面			自行車 操縱桿	攝影機	圖形處理 電腦運算
花博夢想館	裸眼立體顯示			智慧型電控液晶玻璃	紅外線	RFID 非接觸式超寬頻生理訊號感測技術 嵌入式設計
國立故宮博物院	LED 螢幕 投影 曲面投影		聲音感測	觸控螢幕 觸控桌 智慧型手機	體感裝置 紅外線感應 壓力感測	風力感測 電控調光玻璃顯影 視覺辨識
臺灣美術館與數位方舟	投影				紅外線感應	即時運算 通電裝置
臺北數位藝術節	投影 水中投影	氣味發散裝置	環繞聲場 揚聲系統 錄音裝置 聲音感測	智慧型手機 脈膊測量器	紅外線感應 3D深度相機 攝影機	二氧化碳試劑 立體影像 即時運算 網際網路 電子電路
工研院創意中心	投影				紅外線感應	腦波偵測器 即時運算

	視覺	嗅覺	聽覺	觸覺	肢體	其他
國立臺北藝術大學—藝術與科技研究中心	曲面投影 全景投影 虛擬實境 2D、3D 影像動畫 影像融接 移動式水幕		聲音感測 錄音裝置 喇叭	電流感測 壓力感測 互動式觸控	身體感測 攝影機	晶片運算 心跳感測 加速度感應器 調光薄膜 馬達自動驅動系統

從表 8-2 中可以發現，不論是藝術節、博覽會或是藝術展館，在新媒體藝術的設計上，都結合了觀衆感官上的體驗，讓觀衆能夠更進入到展品的情境與氛圍中；更可以從使用的器材與技術上得知，目前所運用的技術與器材都近乎雷同，卻能在不同的情境主題下，以不同的程式技術或裝置將它們重新融合與包裝，進而創造了一項嶄新的體驗，發揮出一加一大於二的功效。

在嗅覺的感官上，較無展演的案例，多用以商品設計上，多半是由於在開放空間、環境中，會有太多的干擾，較不容易掌握其準確性及穩定性，且對於觀衆來說，過敏及排斥的現象較無法控制，因此在嗅覺方面目前較少藝術家進行嘗試；但在視覺表現上，藝術家有著源源不絕的想法及創意，結合其他五感的感測技術來改進視覺呈現效果，因此其展演形式衆多且不勝枚舉。

雖然目前許多感測上的技術尚未成熟，但藝術家們都發揮了不同的創意及想像力，打破現有的限制，一次又一次的創造新的可能，也讓新媒體的技術不斷的在進步，而這些技術就像無邊無際一樣的不斷擴張、成長茁壯，期許能爲未來打造新世代的展演可能。

互動設計 VS. 數位學習：互動學習的未來趨勢

Part 4

Chapter 9

互動科技進化下的數位學習

9-1 互動科技之數位學習的意涵與幫助

根據 IGI Global 定義，凡是透過介面產生使用者與科技間的交互作用，就是互動科技。例如：介面接收使用者需求，科技系統回應給使用者（Dick & Burrill, 2016）。

「數位學習」就是整合科技、數位內容與教學的一種學習方式，強調無距離的教學與學習。科技是提供內容的工具，包括上網與硬體，例如：桌上電腦、筆記型電腦、平板電腦、智慧型手機。數位內容則是透過科技提供的高品質學習材料，例如：讓學習者主動與老師提供的即時回饋系統，進行互動式教與學的體驗。數位學習無所不在，只要連線上網就可以隨時隨地的進行教學。

數位學習更重要的一個功能就是個別化，也就是教育所談的適性教學問題，只要是教學就一定要有老師，才能確認學習者是否遇到困難或需求，以提供個別化的輔導與幫助（Governor's Office of Student Achievement, 2016），因此運用互動科技於教學設計，可以針對每個人的特性，提供不同程度的個別化教學方式以提高學習效果，這就是互動科技在數位學習的意涵。

互動科技對於數位學習有哪些幫助呢？

對學習者而言，最主要的幫助有兩個面向：第一，加深立即回饋的速度與程度；第二，虛實整合主動雙向互動無所不在的學習，詳細說明如下。

加深立即回饋的速度與程度

最好的課程設計就是佈置環境中的人、事、物等學習刺激，引起學習者好奇進而主動產生互動的過程，因此互動式的學習能夠讓學習者加深課程的探索與了解，透過互動科技的回饋，學習者可以明白自己學習的實際成果與預期成果之間的差距，找出落差也就是問題所在，就能針對問題對症下藥。

互動科技的學習過程，可以隨時並立即提供學習者最完整的分析與回饋。例如：互動科技可以提供學習者體驗式學習，學習者回應正確，就會立即得到回饋獲得增強，若回答錯誤，系統會發出鼓勵與再努力的訊息回饋，並提供類似題或稍微簡單一點的題目學習者在學習過程中獲得成就感，直到精熟爲止。

虛實整合主動雙向互動無所不在的學習

互動科技根據學習者與學習內容，設計最符合使用者經驗的人機互動介面設計，產生「主動雙向式的數位學習」，對學習者的幫助可達無限擴充，例如：擴增實境對學習的幫助是透過虛實整合，把現實中不可能立即出現的場景與物體透過技術顯示出虛擬影像，讓學習者能親自體驗，產生沉浸學習的效果，讓任何學習環境都是可以透過虛擬實境（Virtual Reality, VR）、擴增實境（Augmented Reality, AR）、混合實境（Mixed Reality, MR）而產生；再結合實體教具於互動裝置，如平板裝置系統產生聲音與3D影像，幫助學習者做到視覺、聽覺、親自操作、反思等多種學習刺激，可達到80%的學習效果，相較於傳統式聽老師講的學習效果爲10%，故互動式學習效果增加70%。

9-2
互動科技之數位學習的發展與契機

互動科技的數位學習方式

在資訊潮流衝擊下的教育環境，整合科技於教學中已是大勢所趨，互動科技在教學上的應用，是採用互動式的數位學習方式，如擴增實境（Augmented Reality, AR）、混合實境（Mixed Reality, MR）、頭戴式裝置（Head-Mounted Device, HMD）、多螢幕互動（Multi-Display Interaction）、體感裝置（Embodied Device）。後續章節將針對這五種互動科技的數位學習方式進行詳細說明，分別爲技術與工具、數位學習的案例與成效具體舉例作深入探討。

臺灣數位學習產業與變遷，首先由經濟部工業局於 92 年所執行「數位學習國家型科技計畫」。

此計劃是帶動國內數位學習產業發展的里程碑，而政府單位希冀經數位學習的加值與應用，提升整體數位學習產業的全球競爭力，此產業的總產值也由 91 年的 7 億元激增到 104 年的 902 億元（臺灣就業通，2015），成果展現數位學習產業的的蓬勃發展，以類別而言，104 年數位學習產業包含數位教材、平臺 / 工具、服務與硬體四大區塊，其中以硬體與服務分別佔 39.45% 與 37.68%，反映出數位教材與平臺 / 工具所佔比例，各爲 17.29% 與 5.58%，如再以此次分類詳細分析，可看到數位教材的線上學習教材與行動學習教材各爲 62.95% 與 37.05%，可見行動學習教材具有發展潛力，例如：傳統的硬體代工製造商已因應轉型增設學習軟體開發公司，提供各學校數百種優質線上課程、包含跨管理、業務、 行銷、語言及技術專業等，搭配學習雲平臺、全方位方案、學習型組織，所開發的平臺可以按照各校不同的需求客製化，提供最佳的解決方案，包括了導入培訓平臺、課程製作、大數據分析，協助發展實用的人才選用機制等。

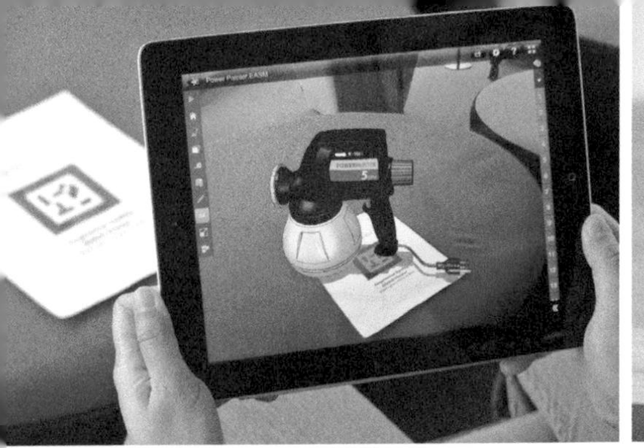

圖 9-1

圖 9-2 圖 9-3

圖 9-4 圖 9-5

圖 9-1　擴增實境（Augmented Reality, AR）

圖 9-2　混合實境（Mixed Reality, MR）

圖 9-3　頭戴式裝置（Head-Mounted Device, HMD）

圖 9-4　多螢幕互動（Multi-Display Interaction）

圖 9-5　體感裝置（Embodied Device）

Chapter 10

互動式數位學習的技術與工具

10-1
虛實整合之數位學習的技術與工具

Q：什麼是虛擬實境（Virtual Reality, VR）？

A：戴上 VR 頭盔進到虛擬實境中，眼前所看到的一切景物都是虛擬的，會產生猶如處在現實環境中一般的錯覺。

拍攝一段眞實環境的影片，利用電腦技術擬出 3D 的眞實場景，即是所謂的虛擬環境，再戴上頭戴式顯示裝置，進到虛擬環境中產生猶如身歷其境的感受，這就是 VR。目前最知名的產品有 Oculus Rift 與 HTC Vive，以及 Sony PlayStation VR 頭盔等。現今戴上 VR 頭盔所產生暈眩的四個原因爲：

1. 肉眼所看到的 VR 畫面，與從耳朵內的前庭系統所感受到的眞實位置訊息不匹配，因而產生暈眩感。
2. 頭戴式 VR 裝置者的動作，在 VR 全視角的螢幕中需要多花零點幾秒，才能在虛擬世界看得到，此延遲現象可能造成部分人的暈眩感。
3. 每個人的瞳距不一，瞳孔中心、透鏡中心、畫面中心這三點沒有連成一線或出現重影，看久了會感覺頭暈。
4. 在虛擬世界中，近處與遠處的景物雖然景深不同，但頭戴 VR 裝置所看到的清晰度都一樣，也有可能造成暈眩感。

Q：什麼是擴增實境（Augmented Reality, AR）？

A：在使用者的實際生活場景裡將添加虛擬物件與資訊，僅可透過輔助裝置進行互動。

是一種眞實運算攝影機的位置及角度的技術，利用光學技術來重建場景，並在眞實環境中疊加虛擬物件，眞實與虛擬透過事先設定的互動機制，提供關於周遭環境資訊脈絡（Contextual Information），從而提升使用者對環境或某件事物的感知能力。Azuma（1997）爲 AR 下了更明確的定義，他認爲 AR 必須具有以下三個特性：結合現實物件和虛擬物件（Combines Real and Virtual）、即時互動（Interactive in Real Time）、空間性的（Registered in 3D）。

如今，AR 技術廣泛應用在行銷、遊戲、教育等領域，例如：站在一個定點，即可看到許多預設的 3D 立體動畫物件，可以隨意挑選衣服、鞋子款式等，或者用行動裝置掃描特定的 QR Code 等圖像或物件，就可以看到相關的內容之深度介紹，這是一種個別化的、主動的、互動的學習樂趣。

Q：什麼是混合實境（Mixed Reality, MR）？

A：將眞實世界與虛擬世界合併，建立一個嶄新的虛擬世界影像，在這個新世界中使用者能夠與物件產生即時互動。

綜合了 VR 與 AR 技術的一種互動式科技，結合 AR 跳出一個 3D 物件與 VR 身歷其境的沉浸式體驗。在 MR 的環境中，眞實與虛擬環境中的物件可以共存，並且產生即時互動，從技術上來說，MR 簡單分爲兩個部分：一是對現實世界的感知（Perception），二是一個頭戴式顯示器以呈現虛擬的影像（Display）。在感知上，兩者都是運用空間感知定位技術，設備需要知道自己在現實世界的位置（定位）和現實世界的三維結構（地圖構建），才能夠在顯示器中精確地擺放上虛擬物體。

10-2 結合頭戴式裝置的行動數位學習

頭戴式裝置 x Head-Mounted Device, HMD

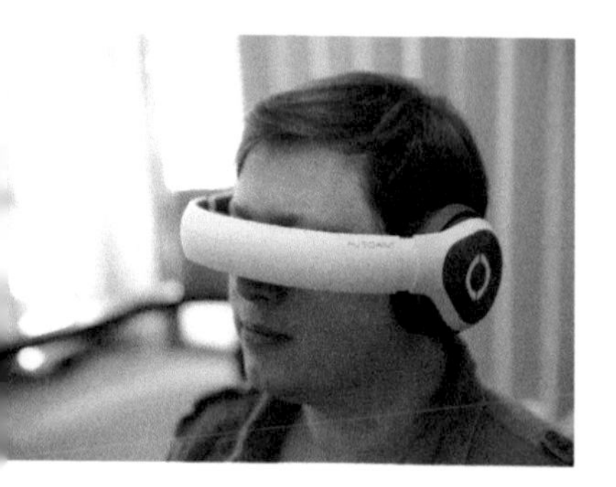

▲ 圖 10-1 頭戴式裝置

透過頭戴式裝置與室內外定位系統，將學習內容轉化爲探索式的遊戲。易言之，依據特定的場景作學習內容的變化，以智慧型頭戴裝置爲開發載具，透過地理資訊系統（Geographic Information System, GIS）整合藍牙室內定位技術（Beacon），將被動學習的方式翻轉爲主動探索的模式，讓學習內容與實地環境在情境脈絡上緊密結合，此可以解決傳統教室授課、紙本及網路資訊閱讀無法提供實地情境感受的問題。

有什麼需要頭戴式裝置結合行動的數位學習呢？如文化遺產的碑文、古堡、傳統、古物等，當學習者透過頭戴式裝置，在小範圍內透過室內定位技術，在戶外則透過全球衛星定位系統（Global Positioning System, GPS），主動推播訊息給學習者，並將當地相關的知識呈現給學習者。

行動科技日益普及，讓學習模式從數位學習演化至無所不在學習，然學習者本身的學習動機不會因爲載具的推陳出新而變得主動、積極，因此，頭戴式裝置結合行動的數位學習便發揮其學習優勢，設計出全新的學習體驗。綜上所述，依據頭戴式裝置結合行動數位學習的三種功能，歸納說明其技術與工具如下：

優勢一：重現消失場景

當今文化創意產業流行，然而對於臺灣特定區域的古蹟，反而不受重視，固有印象所及都是網路或書本的閱讀經驗，對於實際場景印象模糊。針對此落差，使用者可以帶著行動裝置或頭戴式裝置到指定古蹟遺址做深度探索，透過 GPS、陀螺儀、Beacon 等就地重現昔日消失的場景。

優勢二：親近現有場域

隨著都市更新的變化，傳統建物以及文化遺產散落於各處，傳統的解說方式會將這些文化遺產資訊印在導覽手冊上，或張貼於附近，需透過導覽人員解釋才能一窺究竟，然而多數時候我們可能因爲文字過多、缺乏具體清晰的解說方式、沒有足夠時間詳細閱讀、或各種環境及人爲因素，而無法專心吸收，導致走馬看花，無法確實瞭解文化遺產的實質內涵。因此，透過頭戴式裝置結合行動數位學習，可以將這些內容變成探索學習遊戲的一部分，學習者必須自己尋找題目來做答，才能獲得遊戲中的獎勵，有效激勵學習者深入探索文化遺產內涵。

優勢三：融入社群互動

有增進社群互動的功能，只要使用本系統的使用者進入同一區域，即可會進入搶答模式，藉由系統所引發的問題，除了在作答遊戲過程中獲得成就，使用者並可透過題目的線索，找到與對方閒聊的話題，例如：你是何時到過這個點？或是這裡還有哪些好玩的事情等，藉著體驗活動，學習者可以從遊戲中更輕鬆有趣的瞭解學習內容，並可增加社群間的互動。

10-3 多螢幕互動式的數位學習

多螢幕互動 x Multi-Display Interaction

多螢幕互動式數位學習，是整合兩個平板電腦的功能，以 Unity3D 作爲主要開發工具，使用電腦的視覺繪圖軟體（Adobe Illustrator），進行介面相關的向量圖檔設計，與影像繪圖軟體（Adobe Photoshop）進行繪本內容的繪製，以及動畫軟體製作成動態的故事，增加親子共讀故事繪本的互動性、遊戲化、趣味性。

▲ 圖 10-2　多螢幕互動式數位學習的技術與工具

多螢幕互動式數位學習的開發，首先要製作素材與腳本的企劃，進行繪本內容的圖像繪製，接著再匯入 Unity3D 撰寫互動模式，進行程式與視覺的整合，最後將 apk 專案檔發布至 iOS 專屬執行檔，即可在平板裝置上運行。使用 Unity3D 整合的原因，主要是基於 Unity3D 可以支援多平臺，如 iOS、Android、Windows Phone、BlackBerry、Windows、Mac、Linux、Web Player、PS3、Xbox360、Wii 等應用的發佈，爾後若要將該互動應用延伸發展時，不需太多的修改即可轉換。

10-4 體感裝置數位學習的技術與工具

▲ 圖 10-3　體感裝置

體感裝置 x Embodied Device

自從 2006 年任天堂（Nintendo）公司推出 Wii 遊戲機，以及 2009 年微軟（Microsoft）也推出體感技術 Xbox Kinect，體感裝置的數位學習技術與工具已漸漸被教育學者廣泛應用。

回顧體感裝置數位學習的技術與發展，從過去的鍵盤、滑鼠、多功能遊戲搖桿，到任天堂（Nintendo）的 Wii 的手部遙感器和平衡器，再發展到微軟（Microsoft）的 Xbox Kinect、華碩（ASUS）的 Xtion Pro 全身肢體動作影像捕捉辨識等體感技術。體感科技爲數位世代新趨勢，介面上的設計也逐漸以動態取代靜態。例如：圖形使用者介面（Graphical User Interface, GUI），是指採用圖形顯示電腦操作使用者介面；自然使用者介面（Natural User Interface, NUI），只需要人們以最自然的交流方式，如語言、文字和自然的動作，所產生的人機互動，因此 NUI 不需要使用鍵盤或滑鼠，而是透過 Kinect 偵測體感動作的直覺性。

體感技術可擷取到人的骨架，進而捕捉人體動作，其應用相當廣泛也早已不再侷限於遊戲。舉凡居家生活的 Smart TV、展覽會場也有許多裝置使用體感科技，醫療上也有許多相關研究，例如：洪彥伯（2012）與國泰醫院開發出一套對於前庭暈眩患者的復健系統，研究與臨床實驗結果發現，此系統對於協助病人進行眩暈復健有顯著療效，病人也具有較高的意願配合進行復健。加拿大多倫多市的新寧健康科學中心（Sunnybrook），也將體感科技應用在專業醫療用途上，讓醫生可以在外科手術房裡觀看並進行手術，不需要離開病人即可看到影像，節省進出無菌室的時間，更能專注於手術進行。

▲ 圖 10-4　微生物博物館（Micropia）的體感偵測裝置

Chapter 11

互動式數位學習的應用案例

11-1
虛實整合之數位學習應用案例

將擴增實境 AR 應用程式導入於多媒體學習之活動中。首先在活動進行時，觀察孩童操作行爲及活動狀況，接著針對參與活動之孩童與專家進行訪談，藉此了解 AR 應用程式的互動介面設計與操作是否能讓孩童順利完成任務，並檢視此應用程式是否有效輔助孩童操作。

▲ 圖 11-1　觀察孩童活動行為

《AR Toy Brick》樂高積木活動

活動流程總共三個關卡

以三位孩童爲一組進行活動，任務有操作行動裝置、AR 與樂高積木，總共三個關卡，同組的孩童可以選擇輪流操作不同任務，待活動結束後再與老師進行訪談。

▲ 圖 11-2　操作活動記錄

紀錄活動分爲兩個部分

第一部分爲操作畫面的紀錄，主要是用來觀察應用程式的使用性，與孩童操作時所面臨之問題；第二部分爲多媒體學習活動的紀錄，包括平板電腦的操作和孩童的交談行爲，目的在於觀察應用程式結合 AR，對於孩童多媒體學習之輔助性。

▲ 圖 11-3　操作完畢後與孩童訪談

當孩童操作完每款應用程式之後，將對他們進行對談，談話的重點要了解孩童對於應用程式的操作感受、學習內容的認知，以及對多媒體學習應用程式的看法。活動結束後，再與教師進行訪談，藉此了解教師們對於應用程式內容設計之建議與回饋。

活動結果與回饋

調查資料結果顯示孩童對於 AR 應用程式的滿意度平均都在落在「滿意」與「非常滿意」之間。談過程中發現對於孩童《AR Toy Brick》應用程式是新奇、好玩而且刺激的，覺得新奇有趣主要原因是樂高結合 3D 多媒體回饋呈現，平時在學習方面都是透過平面的紙本與圖片，較少接觸到多媒體輔助學習的互動模式，所以在操作上特別覺得有興趣。視覺風格皆表示喜歡，AR 的 3D 回饋也都覺得可愛和眞實，少部分孩童有提出，希望模型的比例大小能和眞實大小一樣大，讓互動更眞實。

在教師的訪談中，可以了解到老師們對於應用程式操作設計的部分大致滿意，AR 結合樂高的設計也認爲十分有趣，能夠有效吸引孩童操作。在視覺與聽覺的設計方面，教師也都表示喜歡，認爲畫面可愛，能吸引孩童的目光。

《Cardboard Diorama》立體書實驗

活動實測重點

運用 AR 與 VR 技術於《Cardboard Diorama》立體書來實驗。實測對象為年輕人，使用性評估共 41 位受測者，實驗地點在「臺北新一代設計展」、「高雄放視大賞」展場以及學校實驗室。活動以實地參與的方式，從旁觀察並記錄參與者的行為。根據創作者所設計的活動，先向參與者解說該互動遊戲的主題與目的，接著透過實際操作帶領參與者瞭解裝置的操作方式，並說明所需執行的任務流程，爾後便交由參與者獨自進行實際的操作。

▲ 圖 11-4　實驗測試紀錄

▲ 圖 11-5　使用 Apple Remote 瞭解受測者狀況

活動結果與回饋

根據本研究的觀察紀錄中，發現受測者在操作本裝置時，有達到一定程度的沉浸狀態，遊戲的視覺效果與特殊的操控方式能吸引使用者的好奇感，雖然在施測時遊戲時間較短，無法讓受測者得到更多的互動體驗與感官刺激，但由於互動模式較為創新，因此仍可以給予使用者一種新形態的體驗。

11-2 頭戴式裝置之數位學習應用案例

為 Google Glass 打造專屬介面

由於 Google Glass 等智慧型眼鏡並不普及，本創作是先以智慧型手機予以規畫與設計，然而在取得此 Google Glass 裝置後，發現在近距離瀏覽智慧型眼鏡的螢幕時，並無法容納太多內容，由於距離過近，人眼所能對焦和檢視的範圍較智慧型手機或平板裝置要小許多，當文字過多時會有完全無法判讀的問題產生，Google Glass 於介面上的規範雖有具體的設計建議與編排。因此經測試與分析後，重新為 Google Glass 打造專屬的介面。

▲ 圖 11-6a　系統功能選單

▲ 圖 11-6b　探索中介面

▲ 圖 11-7a　接近觸發地點

▲ 圖 11-7b　題目觸發功能

▲ 圖 11-8a　遺跡探險家模式

▲ 圖 11-8b　古蹟旅行者模式

▲ 圖 11-8c　英雄對戰模式

文化導覽情境

遺跡探險家 x 古蹟旅行者 x 英雄對戰

綜合上述 Google Glass 呈像技術、文化導覽情境及使用者介面設計等元素，整合出三個模式，含遺跡探險家模式、古蹟旅行者模式與英雄對戰模式，詳細示意圖說明如下：

當使用者到達一定的數量後，可以讓文化古蹟鄰近指定地點、古蹟的商家有推播廣告的功能，例如：在某些時段能在預設題目中出現特殊的廣告題型，使用者可以用手勢捕捉來進行活動，挑戰成功後可以獲得商家的折扣（Coupon）或其他獎勵，並且即刻就近到該商家進行消費，達到精準行銷的效果，此乃是適地性行銷，不會因爲傳統文宣或電視的廣播模式讓人反感，使用者並有自主權決定是否選擇這些內容，而商家亦可自行控制特殊折扣的開啓和結束時間，這是未來值得嘗試的行銷模式。

11-3 多螢幕互動式之數位學習應用案例

▲ 圖 11-10　親子共讀紙本繪本與電子繪本

互動式電子繪本

創作內容中規畫了「故事問題說明」，幫助家長於操作互動式電子繪本時，能夠透過故事問題說明的提示，使用啟發式提問的方式，提問題給孩童，引發孩童先思考故事的內容，才接著進行互動關卡上的操作。

▲ 圖 11-9　受測者進行實驗說明

故事問題說明

① 想一想，雲和太陽誰比較厲害呢？雲可以如何做讓太陽的威力無法發揮呢？太陽又該如何做讓雲的威力無法發威呢？

② 想一想，雲和風誰比較厲害呢？風可以怎樣做讓雲的威力無法發威呢？雲又該如何做就會讓風的威力無法發威呢？

③ 想一想，風和牆誰比較厲害呢？堅硬的牆如何讓風的威力無法發揮呢？但風可以怎樣做就會讓堅硬的牆倒塌呢？

④ 想一想，牆和老鼠誰比較厲害呢？老鼠如何做就會讓堅硬的強露出破綻呢？牆要如何來阻止老鼠搗蛋呢？

實驗結果與回饋

普遍家長認爲電子繪本容易促進親子間的互動，能夠引導孩童融入故事劇情，也能引起閱讀興趣。根據實驗觀察，發現親子在互動模式的操作上，點擊功能的互動操作模式對於孩童來說最爲簡單也最喜歡，也是目前電子繪本最熟悉常見的互動操作，但是操作過程就不需要家長的引導，家長因此無從參與其中；反之，搖晃功能的互動關卡遊戲，因爲許多親子反應不易操作，尤其是對於三歲以下的孩童來說，手指小肌肉發展還不夠成熟，因此還無法自行掌握平板電腦，因此家長更有機會能夠藉此互動式電子繪本，透過提問啓發孩童思考如何解決問題，促進親子互動討論，例如：可以討論何種互動的操作方式，就會有怎樣不同的互動效果，讓親子共同完成遊戲關卡。

11-4 體感裝置數位學習的應用案例

▲ 圖 11-11　專家檢視遊戲及訪談過程

色彩之體感遊戲實測活動

兩款認識色彩的體感遊戲創作實測活動，活動前與專家討論其操作、介面、遊戲機制等是否符合國小視覺藝術教學，並討論國小二、三年級孩童的使用情形，將專家所提出之建議、修正點與觀察孩童使用記錄整理後進行改善。

▲ 圖 11-12a　混色遊戲的遊戲畫面

■ 關卡 1：

混色遊戲

孩童操作混色遊戲時，若操作錯誤時，其他學童會積極給予幫助，例如：你要跳一下！左邊一點！要摸牆壁！綠色是黃加藍啦！

▲ 圖 11-12b　混色自由創作的遊戲畫面

■ 關卡 2：

混色自由創作

進到混色創作過程時，孩童已能熟悉操作方式，喜歡自行配色，並且很開心的移動身體、前後左右、上下跳動，最後揮動雙手在牆上留下各種不同顏色的手掌印。

實測活動記錄

在架設機器與設備時孩童議論紛紛，對接下來的活動展現高度興趣，並在講解後躍躍欲試，最後由老師點名輪流操作。觀察學童對於使用 Kinect 的操作並不陌生，許多孩童也玩過微軟的 Xbox 遊戲機，故能很快上手。

孩童在嘗試的過程中皆表現高度興趣與挑戰心，在「三原色與蒙德里安」及「混色與創作」體驗後可發現因其難度的增加，亦能掌握學童對於色彩學習認知上的差異，給予適當的協助輔助學習。

實測結果與回饋

在互動過程中，許多孩童表示很喜歡「跳起來」和「雲互動」的感覺，更喜歡自己創作的過程，因爲可以擁有屬於自己的作品，但是覺得時間太少，希望可以增加遊戲時間！三年級男孩較於女孩活潑、大方。無限制地活動，偶爾會太興奮而超出範圍，有些也會邊遊戲邊加上自己的舞蹈動作，逗得全班哄堂大笑。

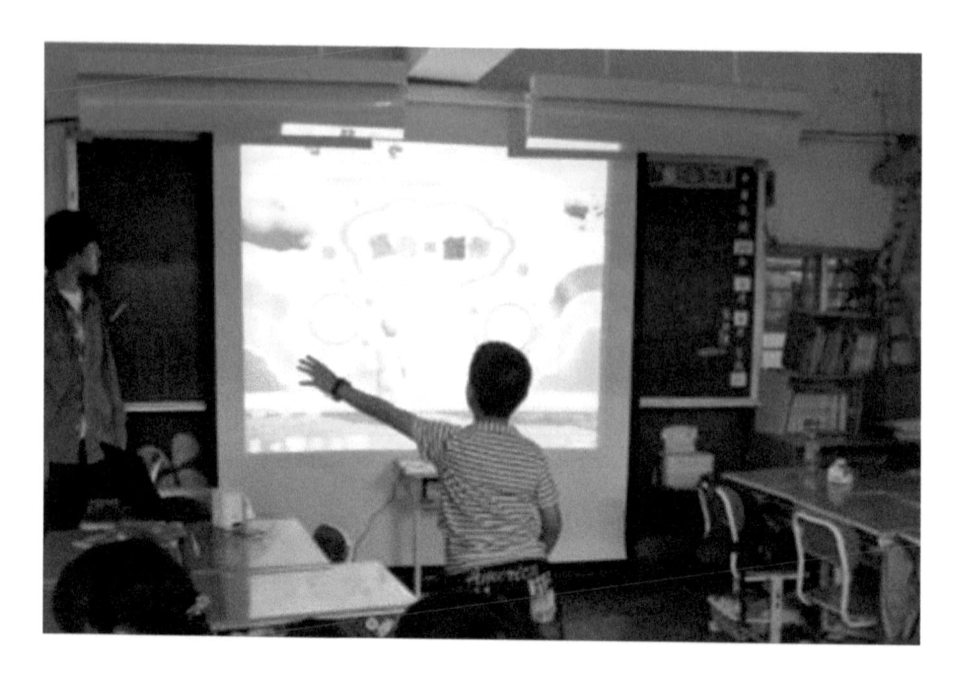

藉由不同的學習方法可以促進不同環境生長下的孩童進行多元學習。以前上課偏向老師單一講述，體感互動的方式可以親自參與，甚至可以在觀賞他人作答時得到樂趣！平常上課較靜態，學生容易覺得枯燥乏味，而玩遊戲就活潑有趣多了！以往只有口頭問答的回饋，而互動教學透過遊戲可以活動身體和學習知識，也讓教學多了活力，效果很好。藉此用比較新奇、高科技的方式學習，能夠激起現代學生的好奇心與參與感，像是二年級剛接觸色彩，仍似懂非懂，可以加深其對於色彩概念的認知與印象。

▲ 圖 11-13　活動紀錄

國家圖書館出版品預行編目（CIP）資料

互動設計概論：創造互動設計無限應用的可能 / 李來春，曹筱玥，陳圳卿編著 . -- 初版 . -- 新北市：全華圖書，2018.02
面；　公分
ISBN 978-986-463-721-8(平裝)

1. 數位藝術 2. 人機介面 3. 展示科技

956　　106023747

互動設計概論 - 創造互動設計無限應用的可能

Interaction Design - Creating Valuable Application of Interactive System Design

作　　者　李來春、曹筱玥、陳圳卿
發 行 人　陳本源
執行編輯　楊雯卉
封面設計　張珮嘉
美術編輯　張珮嘉、楊雯卉
特別感謝　羅士庭、董芃彣、林寶蓮
出 版 者　全華圖書股份有限公司
郵政帳號　0100836-1 號
印 刷 者　宏懋打字印刷股份有限公司
圖書編號　08134
初版二刷　2019 年 08 月
定　　價　新臺幣 520 元
I S B N　978-986-463-721-8
全華圖書　www.chwa.com.tw
全華網路書店 Open Tech　www.opentech.com.tw
若您對書籍內容、排版印刷有任何問題，歡迎來信指導 book@chwa.com.tw

臺北總公司（北區營業處）
地址：23671 新北市土城區忠義路 21 號
電話：(02) 2262-5666
傳真：(02) 6637-3695、6637-3696

南區營業處
地址：80769 高雄市三民區應安街 12 號
電話：(07) 381-1377
傳真：(07) 862-5562

中區營業處
地址：40256 臺中市南區樹義一巷 26 號
電話：(04) 2261-8485
傳真：(04) 3600-9806

讀者回函卡

填寫日期：　/　/

姓名：＿＿＿＿ 生日：西元＿＿年＿＿月＿＿日 性別：□男 □女

電話：（ ）＿＿＿＿ 傳真：（ ）＿＿＿＿ 手機：＿＿＿＿

e-mail：（必填）＿＿＿＿

註：數字零，請用 Φ 表示，數字 1 與英文 L 請另註明並書寫端正，謝謝。

通訊處：□□□□□

學歷：□博士 □碩士 □大學 □專科 □高中・職

職業：□工程師 □教師 □學生 □軍・公 □其他

學校／公司：＿＿＿＿ 科系／部門：＿＿＿＿

・需求書類：

□ A. 電子 □ B. 電機 □ C. 計算機工程 □ D. 資訊 □ E. 機械 □ F. 汽車 □ I. 工管 □ J. 土木

□ K. 化工 □ L. 設計 □ M. 商管 □ N. 日文 □ O. 美容 □ P. 休閒 □ Q. 餐飲 □ B. 其他

・本次購買圖書為：＿＿＿＿ 書號：＿＿＿＿

・您對本書的評價：

封面設計：□非常滿意 □滿意 □尚可 □需改善，請說明＿＿＿＿

內容表達：□非常滿意 □滿意 □尚可 □需改善，請說明＿＿＿＿

版面編排：□非常滿意 □滿意 □尚可 □需改善，請說明＿＿＿＿

印刷品質：□非常滿意 □滿意 □尚可 □需改善，請說明＿＿＿＿

書籍定價：□非常滿意 □滿意 □尚可 □需改善，請說明＿＿＿＿

整體評價：請說明＿＿＿＿

・您在何處購買本書？

□書局 □網路書店 □書展 □團購 □其他＿＿＿＿

・您購買本書的原因？（可複選）

□個人需要 □幫公司採購 □親友推薦 □老師指定之課本 □其他＿＿＿＿

・您希望全華以何種方式提供出版訊息及特惠活動？

□電子報 □ DM □廣告（媒體名稱＿＿＿＿）

・您是否上過全華網路書店？（www.opentech.com.tw）

□是 □否 您的建議＿＿＿＿

・您希望全華出版那方面書籍？＿＿＿＿

・您希望全華加強那些服務？＿＿＿＿

～感謝您提供寶貴意見，全華將秉持服務的熱忱，出版更多好書，以饗讀者。

全華網路書店 http://www.opentech.com.tw　　客服信箱 service@chwa.com.tw

2011.03 修訂

親愛的讀者：

感謝您對全華圖書的支持與愛護，雖然我們很慎重的處理每一本書，但恐仍有疏漏之處，若您發現本書有任何錯誤，請填寫於勘誤表內寄回，我們將於再版時修正，您的批評與指教是我們進步的原動力，謝謝！

全華圖書　敬上

勘誤表

書　號		書　名		作　者	

頁　數	行　數	錯誤或不當之詞句	建議修改之詞句

我有話要說：（其它之批評與建議，如封面、編排、內容、印刷品質等・・・）